最詳盡的「圖文資料寶庫」

世界麵包百科圖鑑

終極版！橫跨歐亞美非，麵包狂熱分子喜愛的123種麵包

東京製菓學校　監製

大境文化

CONTENTS
世界麵包百科圖鑑

本書的使用方法

世界麵包之旅（P.30～P.167）的介紹方式

❶ 麵包名稱
標示一般通用名稱。因店鋪不同，也會有不同於本書名稱的情況。

❷ 類型
LEAN 類（低糖油成分）或至 RICH 類（高糖油成分），依使用材料區分。

❸ 主要穀物
使用的主要粉類。

❹ 酵母種類
使用的主要酵母種類。

❺ 烘焙法
完成麵包烘焙的方法。直接放入烤箱中烘烤、置於烤盤上烘烤、還有放入模型烘烤等。

❻ 尺寸·重量
照片中麵包的尺寸和重量，由編輯部量測而來。依不同店家及成品，也會有所差異。

❼ 麵包照片
以照片的麵包為例，麵包的形狀和大小會因各店及成品而有所不同。此外，在日本販售的麵包和當地也有相異之處，因此會另外說明。

❽ 麵包剖面照

❾ 配方比例
配方以一般常見的做法來標示。麵包的食譜或材料，並不僅單一種，因此可能會有與本書不同之處。此外，監製與編輯部自行調查的配方，與協助店家的配方也可能有所不同。配方以烘焙比例標示。

❿ 國名

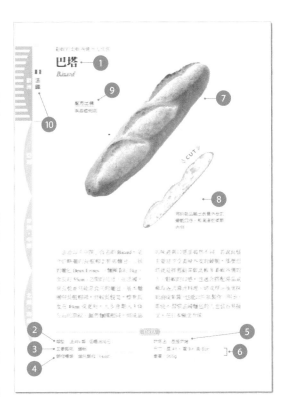

※ 所謂的烘焙比例（Baker's Percentage）

麵包製作表示用量的標示法。並非將所有的材料合計為 100%，而是以使用的粉類為 100%，以此為標準，標示出其他材料的用量。粉類的比例，也包含製作酵母或發酵種時使用的粉類。例如「麵粉 80%、酸種 40%（內含裸麥粉 20%）」。因此即使是單純的計算，也有可能粉類並非 100% 的狀況。

麵包的基礎知識

在此介紹開心享用全世界的麵包時，應該知道麵包的基本。

麵包的材料

製作基本麵包麵團的主材料，再添加香甜、濃郁、風味等等的材料，全部都稱為副材料。

主材料

粉類
麵包的主要成分。使用麵粉或裸麥粉、全麥麵粉等，會因蛋白質含量及碾磨方式而有不同。

麵包酵母
來自植物，能使麵包膨脹的微生物，能與存在於自然界的乳酸菌共存。有麵包酵母（Yeast）與自製酵母種。

鹽
可以緊實麵團，更容易作業，也是決定風味的關鍵。

水
有助於材料的結合、酵母的作用。作業用水量，會影響麵團狀態、膨脹程度、以及完成後麵包的柔軟內側。

副材料

油脂
賦予麵團體積，增加濃郁。奶油等也具有增添香氣及附帶的風味。

雞蛋
能讓麵團更具柔和的風味，形成膨鬆滑順的口感。也能用於增加表面光澤。

牛奶
牛奶中所含的糖分，具有在烘烤時呈現漂亮烘烤色澤的作用。

砂糖
除了使麵包產生甜味之外，也能使麵包更加潤澤、保持柔軟，也具有促進發酵的作用。

麵包的類型

根據一般常用的材料配比，麵包大致可分成 2 大類。

LEAN 類（低糖油成分）
正如同字面意思是「簡樸的」，基本上僅使用粉類、酵母、鹽、水。味道簡單，特徵就是能直接品嚐出粉類的美妙風味。即使添加了少量奶油或砂糖等副材料的麵包，也歸類在 LEAN 類。以長棍為首的歐洲餐食麵包，大多屬於這一類。

RICH 類（高糖油成分）
在 LEAN 類（低糖油成分）麵包的基本材料中，添加能增添濃郁、調味副材料的配方。特徵是麵包有著膨鬆、滑順的柔軟內側，整體呈現香甜滋味。甜麵包、酥皮類麵包（Danish Pastry）等，大多是可以當作點心、早餐的麵包，就屬於這個類型。

所謂使麵包膨脹的 "酵母"
讓結合了水分和糖分的麵包麵團發酵的，就是酵母。酵母是 "生物"，存在於空氣中、水、果皮、穀物等，所有能想得到的地方，當溫度和濕度達一定的條件時，就開始發酵。一旦開始發酵，麵團的麵筋薄膜中就會產生二氧化碳的氣泡，從內側開始向上推擠般地，使麵包膨脹起來。酵母分為適合用於麵包，單種酵母培養出的 Yeast（市售商業酵母），以及在家庭中使用野生酵母自行培養，稱為酵母種。

色彩繽紛
"吐司"
的選擇

誕生於日本，長期受到熱愛的吐司進化中！
簡單的吐司，加入變化的食材，
甚至能做成水果三明治。
在此介紹儼然成為一大類型的吐司。

※沒有特別標記的則是未稅價格。

頂級吐司
＆日常吐司

也介紹以嚴選食材講究製程的專門店！
試著來比較看看，越來越耀眼獨特的吐司。

12
cm

重量 546g

17
cm

10.5
cm

吟

麻布十番Mont Thabor
あざぶじゅうばんもんたぼー

銘水吐司 吟屋久島　⇒ P.177

1 條／ 1,020 日圓（含稅）

閃耀職人技術的限定逸品

使用屋久島湧出的珍貴軟水「繩文水」製作，即使在 Mont Thabor 店內，也只有少數職人才能完成的特殊技法。可以更加散發食材原有的風味。＊限定店舖每週五販售

使用小麥：加拿大產最高品質小麥
酵母種類：麵包酵母（Yeast）
製作方法：直接法

7

考えた人すごいわ
かんがえた ひとすごいわ ⇒ P.179
魂仕込 ~ 精氣神的作品 ~

1 條／ 864 日圓（含稅）

充滿著嚴選食材的豪奢吐司

不使用乳瑪琳、酥油，而採用日本國產奶油，口感
潤澤、飽含水分、細緻柔軟的麵包內側，實現了入
口即化的柔軟，務必要直接品嚐享用。

使用小麥：非公開
酵母種類：非公開
製作方法：非公開

重量 828g
11.5 cm
24cm
11.5cm

Sincérité
さんせりて ⇒ P.180
大地的美味麵包

1 條／ 1,000 日圓

重量 854g

使用小麥：春戀（春よ恋）全麥麵粉、
有機 Kitahonami （きたほなみ）全麥麵粉、
Kitanokaori （キタノカオリ）全麥麵粉
酵母種類：麵包酵母（星野酵母）
製作方法：長時間發酵、湯種法

全麥麵粉的
吐司「日本第一」

將北海道產全麥麵粉經過 3 天低
溫熟成後，萃取出全麥麵粉的美
味。一旦烘烤時，更能明顯並強
烈地感受到麵粉的香氣及風味。

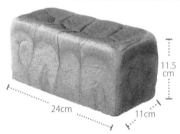

11.5 cm
24cm
11cm

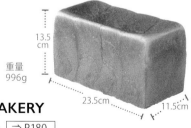

13.5 cm
重量 996g
23.5cm
11.5cm

CENTRE THE BAKERY
セントル ザ ベーカリー ⇒ P.180
方形吐司

1 條／ 972 日圓（含稅）

奶香又Q軟大受歡迎

北海道產小麥與來自美瑛自營牧場的脫脂牛奶，
製作出香甜柔和的吐司。可以同時品嚐到潤澤又
Q 軟的口感，建議不需麵包機烤，直接享用。

使用小麥：夢力（ゆめちから）
調和粉（原創粉類）
酵母種類：新鮮酵母
製作方法：湯種法、液種法

重量
762g

11cm
24cm
11cm

使用小麥：加拿大產最高品質小麥
酵母種類：非公開
製作方法：非公開
其他：鮮奶油、奶油、蜂蜜

高級「生」吐司專賣店 乃が美

のがみ

「生」吐司 ⇒ P.182

1斤／ 432 日圓、1 條／ 864 日圓（含稅）

連麵包邊都是柔軟的口感

歷經 2 年研發獨創的配方，實現了隱約優雅
的甜味，與麵包邊都能柔軟享用的創意。使
用了鮮奶油和蜂蜜，使成品的風味更加馥郁。

12cm
35.5cm
11.5cm

重量
1405g

Blé Doré

ブレドール ⇒ P.185

添加發酵奶油的吐司

1斤／ 602 日圓、1 條／ 2408 日圓

使用大量艾許奶油（Échiré）

使用艾許奶油，完成了豐郁的滋味。加了鮮奶油、砂糖的
RICH 類吐司，並使用最小量的酵母，花長時間仔細製作。

使用小麥：山茶花、特級山茶花
酵母種類：麵包酵母（新鮮酵母、
星野酵母）
製作方法：直接法
其他：使用鮮奶油、發酵奶油

重量 373g

Pelican

パンのペリカン ⇒ P.186

方形吐司

1斤／ 430 日圓（含稅）

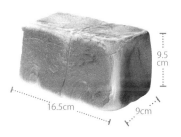

9.5cm
16.5cm
9cm

使用小麥：非公開
酵母種類：非公開
製作方法：非公開

彈牙口感的簡樸吐司

幾乎沒有使用副林料，屏除複雜的
風味，可以品嚐出極度簡樸的麥
香。雖然形狀略小，但柔軟內側綿
密札實，有著 Q 彈的絕妙口感。

編註：日本吐司以 " 斤 " 為單位，
僅用在麵包計量，1斤通常是 400g
左右。日本規定，市售 1 斤的麵包
不得低於 340g。

重量 416g

12 cm

10.5 cm　12cm

使用小麥：春戀（春よ恋）
及其他 4 種粉類調合
酵母種類：乾燥酵母
製作方法：液種法
其他：使用甜菜糖

AOSAN

アオサン　⇒ P.177

方形吐司

1 斤／ 250 日圓

需要3天的準備時間

低溫熟成的麵團，經由冷藏長時間
發酵，慢慢提引出其中的美味，光
是準備就需要 3 天。能品嚐吐司的
潤澤與入口即化般的美味。

BREAD, ESPRESSO&

パンとエスプレッソと

⇒ P.183

MOU

1 斤／ 350 日圓（含稅）

加入大量的奶油

雖然以吐司來看略小，但它是以專用的
小模型烘焙而成。外型小但使用了大量
的奶油，因此份量足且風味豐厚。

重量 191g

9 cm

8.5cm　8.5cm

使用小麥：非公開
酵母種類：乾燥酵母
製作方法：非公開

重量 482g

BLUFF BAKERY

ブラフのベーカリー

⇒ P.185

BLUFF BREAD

1 條／ 530 日圓（含稅）

使用小麥：Kitanokaori（キタノカオリ）
酵母種類：半乾燥酵母
製作方法：冷藏法
其他：使用蜂蜜、鮮奶油、奶粉

膨鬆且柔軟

使用吸水性高、口感極佳的 100%
日本國產小麥，可以強烈品嚐出奶
香風味。是膨鬆柔軟，令人想貼近
肌膚的質地。

10 cm

19cm　10.5cm

重量 765g

使用小麥：Légendaire、Savory
酵母種類：液種、麵包酵母（新鮮酵母）
製作方法：隔夜法（Overnight）

BOULANGERIE ianak!

ブーランジェリー イアナック ⇒ P.184
方形吐司

1 斤／ 245 日圓、1 條／ 490 日圓

直接享用就非常美味的吐司

使用液種（Levain Liquid），因此連麵包邊都
柔軟可口。有著略強的鹹味，所以直接享用
就已經非常美味。

POMPADOUR

ポンパドウル ⇒ P.187
男爵

1 斤／ 300 日圓

烘烤後更加提升美味

烘烤後的酥脆感，與咀嚼的良好口
感是重點。僅使用最低限度的副材
料，製作方法也極為簡單，直接享
用也吃不膩的美味。

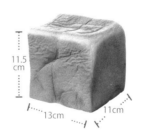

重量 422g

使用小麥：高筋麵粉
酵母種類：麵包酵母（Yeast）
製作方法：直接法

重量 1246g

橫澤麵包

よこさわぱん ⇒ P.188
吐司

1 條／ 840 日圓

使用小麥：Eagle
酵母種類：麵包酵母（新鮮酵母）
製作方法：直接法

用手仔細揉和製作

為了能釋放出小麥的美味，每個
麵包都是手工仔細揉和製作，自
古以來的簡樸製法。風味柔和、
單純的吐司，無論搭配什麼料理
都很適合。

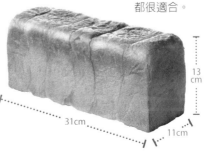

11

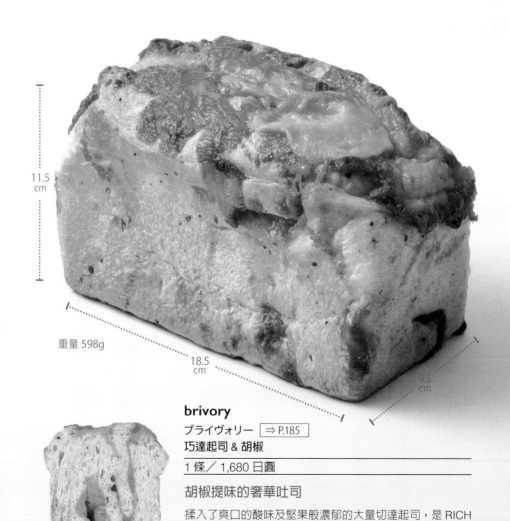

變化風味的吐司

香甜的吐司，能佐酒的美味吐司！
讓我們來看看在食材和副材料上多下點工夫，
創新變化的吐司。

11.5
cm

重量 598g

18.5
cm

9.5
cm

brivory

ブライヴォリー ⇒ P.185

巧達起司 & 胡椒

1 條／ 1,680 日圓

胡椒提味的奢華吐司

揉入了爽口的酸味及堅果般濃郁的大量切達起司，是 RICH 類（高糖油成分）的吐司。烘烤後融化的起司更加美味。

使用小麥：栃木縣產的 Yumekaori（ゆめかおり）
酵母種類：非公開
製作方法：非公開
其他：切達起司、黑胡椒、蜂蜜

重量 684g

使用小麥：非公開
酵母種類：麵包酵母（Yeast）
製作方法：直接法
其他：紅豆、鮮奶油

Tommys

トミーズ　⇒ P.181
紅豆吐司

1.5 斤／ 700 日圓

混入北海道產紅豆的甜點吐司

添加鮮奶油的柔軟吐司麵團，包捲粒狀紅豆餡，是神戶最具代表性的麵包之一。烘烤後塗抹上奶油，令人欲罷不能的美味。

11cm
18cm
11cm

hotel koé bakery

ホテル コエ ベーカリー
⇒ P.186

費南雪吐司

〜進化系列生吐司〜

1 斤／ 918 日圓（含稅）

＊內用 935 日圓（含稅）

宛如西式糕點！全新口感

杏仁與焦化奶油的配方，除了呈現出烘焙糕點般的風味，同時連吐司邊的口感都鬆軟輕盈。可以切得略厚地烘烤再享用。

重量 435g

11cm
12cm
11cm

使用小麥：Kitahonami（きたほなみ）、
　　　　　夢力（ゆめちから）
酵母種類：麵包種
製作方法：非公開
其他：杏仁粉、本和香糖、發酵奶油

LeTAO

小樽洋菓子舖ルタオ　⇒ P.189
可頌吐司

1.5 斤／ 1,944 日圓（含稅）

牛奶與奶油的協奏曲

嚴選鮮奶油＆牛奶配方的麵團，正是北海道洋菓子店獨有的奢侈。一旦烘烤後，麵包邊酥脆，麵包內側奶油豐美的風味就會融在口中並擴散。

11cm
20cm
10cm

重量約 600g

使用小麥：春戀（春よ恋）、kitanokaori
　　　　　（キタノカオリ）等
酵母種類：椿酵母（併用麵包酵母）
製作方法：低溫熟成發酵
其他：LeTAO 原創鮮奶油、北海道產奶油

水果三明治

麵包和水果的結合

吐司夾入水果和鮮奶油的水果三明治。
新鮮水果的魅力，著重於整體的平衡感等，
光是看著就令人開心不已！

銀座千疋屋

ぎんざせんびきや

⇒ P.179

水果三明治

1,200 日圓

專門店嚴選
並精心調配的名品

以草莓與哈蜜瓜等嚴選的
當季水果為主角，以追求
恰到好處地保持柔軟口感
為目標。據說也考量了方
便享用的厚度。

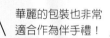

華麗的包裝也非常
適合作為伴手禮！

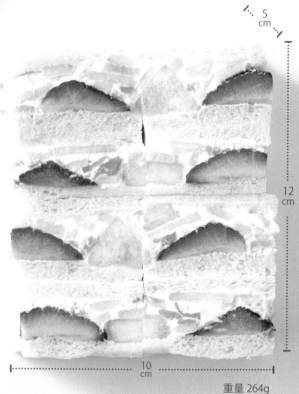

5 cm

12 cm

10 cm

重量 264g

重量 236g

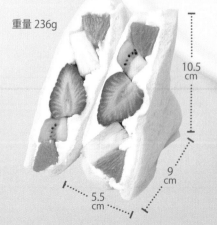

10.5 cm

9 cm

5.5 cm

IMANO FRUITS FACTORY

いまのふるーつふぁくとりー ⇒ P.178

綜合三明治

648 日圓（含稅）

飽含超級新鮮的大塊水果

嚴選當季最新鮮水果的綜合三明治，
每一口都能開心地嚐到不同口味。夾
入各品種的草莓，也非常受到喜愛。

Pelican cafe

ペリカンカフェ ⇒ P.186
水果三明治

920 日圓（含稅）

麵包・水果・奶油餡的
黃金比例

麵包老店 Pelican 的咖啡廳菜單。柔
軟內側隱約帶著甜味的 Pelican 吐司，
與鮮奶油 & 水果是絕佳拍檔。

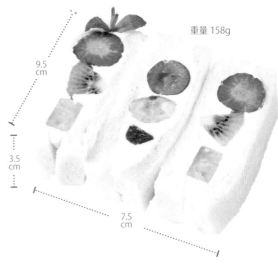

重量 158g

9.5 cm

3.5 cm

7.5 cm

重量各 200g

10 cm

9 cm

5.5 cm

DAIWA中目黑

だいわなかめぐろ ⇒ P.180
完熟宮崎芒果（半顆果肉）

758 日圓（含稅）※ 時價

美味超鳳梨三明治

626 日圓（含稅）

魄力爆棚的超厚水果！

蔬果店起家的水果三明治專賣店。與社群
網站的美照如出一轍的水果，美味多汁，
入口可以嚐到滿滿的新鮮。

Futsuunifuruutsu

ふつうにふるうつ ⇒ P.185

Espresso Banana

500 日圓（含稅）

Futsuunifuruutsu

500 日圓（含稅）

每天都想吃的
柔和風味

使用表參道的人氣店家 BREAD,ESPRESSO&
的吐司，利用甜度得宜、百吃不厭的奶油餡，
做成風味均衡、口感柔和的三明治。

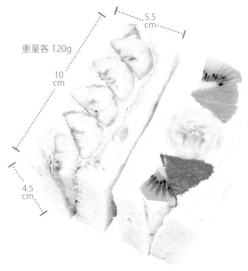

5.5 cm

重量各 120g

10 cm

4.5 cm

令人懷念的
美味！

橄欖形麵包變化目錄

因懷舊感、包夾的食材多變化，而廣受歡迎的橄欖形麵包。您選哪一種呢？

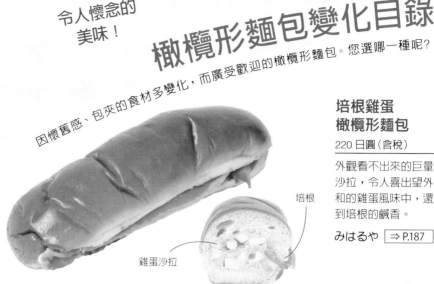

培根雞蛋
橄欖形麵包

220 日圓（含稅）

外觀看不出來的巨量雞蛋沙拉，令人喜出望外！柔和的雞蛋風味中，還能嚐到培根的鹹香。

培根

雞蛋沙拉

みはるや　⇒ P.187

拿波里義大利麵

270 日圓（含稅）

小小的麵包填滿了番茄義大利麵和配菜，看起來非常可愛。

大平製パン　⇒ P.178

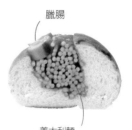

臘腸

義大利麵

日式炒麵橄欖形麵包

200 日圓（含稅）

特大盤日式炒麵也能一掃而空的濃郁醬汁風味！搭配上隱約中帶著甜味的橄欖形麵包，有著不可思議的美味。

みはるや　⇒ P.187

日式炒麵

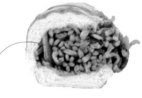

馬鈴薯金平牛蒡
橄欖形麵包

250 日圓（含稅）

使用具獨特黃色與香甜風味的馬鈴薯，Inka no mezame 品種製作的馬鈴薯沙拉，和醬油風味的牛蒡，風味驚為天人。是三陽屋（みはるや）的季節限定產品。

みはるや　⇒ P.187

金平牛蒡

馬鈴薯沙拉

16

紅豆餡乳瑪琳

200 日圓（含稅）

經典的粒狀紅豆餡，搭配大量的奶油。柔和濃郁的香甜風味，與潤澤又柔軟的橄欖形麵包共譜出極致美妙的滋味。

大平製パン ⇒ P.178

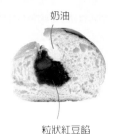

奶油

粒狀紅豆餡

LAMI・LAMI
（ラミー・ラミー）

380 日圓

洋酒浸漬的水果乾，略略成熟的風味。麵包鬆軟的柔軟內側，搭配上核桃的口感與香氣更提味。是龜有本店的限定商品。

吉田パン ⇒ P.188

核桃

洋酒浸漬的水果乾

黃豆粉

170 日圓（含稅）

大平製麵包中與紅豆餡乳瑪琳並列最受歡迎的商品。能嚐出大豆香濃和優雅甜味的黃豆粉奶油餡，更烘托出橄欖形麵包的質樸美味。

大平製パン ⇒ P.178

黃豆奶油餡

水果三明治

300 日圓

橄欖形麵包的水果夾心。柔和帶著甜味的柔軟內側搭配鮮奶油、水果，口感輕盈，讓人不知不覺胃口大開。

吉田パン ⇒ P.188

水果（水蜜桃、柑橘）

鮮奶油

17

為了美味地享用麵包

享用時機、分切方式、保存方法等，會因為麵包的材料和類型而各有不同。
記住隨時都能美味享用麵包的方法吧。

麵包的美味時機

對於深知剛煮出來的米飯最好吃的日本人，很容易就會誤認為麵包剛出爐熱騰騰時最美味。但是，歐洲人並沒有享用剛出爐熱呼呼麵包的習慣。

為什麼呢？這是因為剛烘烤出爐的麵包中殘留著多餘的水分，麵包會有黏著感，無法品嚐出麵包應有的膨鬆口感。實際上，香氣中也微微含有發酵時的酒精氣味。首先，完成烘烤後會放置在麵包冷卻架上約 20 ～ 30 分鐘，降溫後享用。包含在麵包裡的水分，會隨烘烤完成時的熱度而蒸發，在冷卻的同時，麵包內側會慢慢融合，使麵包更加呈現豐郁的滋味。

當然，依麵包的不同也有例外，根據材料的粉類、酵母、食材，最佳享用時機也會有所不同。熟知麵包各種特性，才能掌握住最佳的享用時機。

法國麵包	降溫後幾小時內是最佳時機。一旦超過8小時以上，麵包會開始乾燥，翌日會變得堅硬。建議儘可能當天享用。
發酵種麵包	降溫後當天也非常美味，但本來就是帶著酸味的麵包，乳酸菌、醋酸菌等比例較高，因此有時候會是烘烤的隔天，風味完全融入後更加美味。
裸麥配方麵包	裸麥配比較高的麵包，基本上最佳享用時機是隔天。裸麥配比的麵包因為能夠存放較長時間，因此烘烤後的2～4天，都能風味無損地美味享用。
吐司	降溫之後，麵包柔軟內側也會隨之穩定下來，是最能感受到風味及口感的美味時機。烘烤完成後2～3天，只要再回烤一下就能持續其美味。
甜點類麵包	建議降溫後立即享用。丹麥系列的甜麵包，大約3小時內可以保持酥脆的口感，最美味。奶油餡等無法久置，請當天享用完畢。
調理麵包	剛出爐、剛出鍋的時候最美味。相較於麵包麵團，若使用了像起司等一旦冷卻後會影響風味的食材，建議請趁熱享用。

麵包的分切方法

確實降溫待柔軟內側呈現穩定狀態後再分切,是最基本的常識。將刀子劃入剛完成烘焙的麵包時,柔軟內側(Crumb)會因沾黏在刀身而難以分切,因此無法切出漂亮的切面。再者,麵包切開後,切面的部分就會開始劣化,進而影響風味,因此享用前再進行分切會比較適當。

吐司分切

吐司,最沒有接收到烤箱熱度的兩端側面較為柔軟,若直接由頂部向下切入時,會導致麵包攔腰彎折地被壓扁。將吐司橫放,由底部側面的角度切入,輕輕放鬆力道拉動刀子進行分切。

過度用力抓著吐司、刀子由頂部按壓般地劃入,都會壓扁麵包。

長棍分切

長棍 Baguette、巴塔 Bâtard 等,LEAN 類(低糖油成分)麵包的表層外皮(Crust)堅硬,刀子可能會因而滑動。先用刀刃在表面劃切標記,刀刃會卡在標記部分,因此較容易切出漂亮的剖面。

沒有割紋方向,刀子會因堅硬的表層外皮滑動,有受傷之虞。

麵包的保存方法

麵包與空氣接觸的過程中，會逐漸地劣化。購買、烘焙的麵包，若已知無法在當天享用完畢時，建議冷凍保存。分切成每次享用的份量與大小，避免接觸空氣地確實用保鮮膜包覆。接著將包妥保鮮膜的麵包放入密閉的保存袋內，確實排除空氣後放入冷凍室保存。約一週內享用完畢。

解凍方法，會依麵包而有所不同，柔軟類或裸麥配方的麵包，只要常溫解凍即可。可頌或硬質類麵包，在回復常溫後，表面噴撒水霧放入烤箱復熱，就能重新喚醒酥脆的口感。

避免接觸空氣，確實用保鮮膜包覆。

用吸管吸出保存袋內的空氣，就能簡單地完成密閉狀態。

即使只有一點點空氣的狀態，都會使麵包沾染上冷凍室的氣味，影響風味。

海味焗烤風格
開面三明治

\\ 讓麵包變得更好吃！//
搭配變化食譜
直接享用也很美味的麵包，
只要多下點工夫和時間，
就能化身成美味的料理或點心！

披薩風格開面三明治
Tartine

用長棍製作

披薩風格開面三明治 Tartine

材料 **4人份**

長棍 … 1/2 條
茅屋起司（cottage cheese）
… 160g
鮮奶油 … 80g
蛋黃 … 1 又 1/2 個
低筋麵粉 … 24g
鹽 … 2g
胡椒、肉荳蔻 … 各適量
洋蔥 … 適量
培根 … 適量
格呂耶爾起司（gruyère）… 適量

準備

長棍切成 2cm 厚，洋蔥切成薄片。
培根切成 8mm 塊狀。

製作方法

1 缽盆中放入茅屋起司，少量逐次加入鮮奶油，邊加入邊用攪拌器磨擦般混拌。

2 在 1 的缽盆中依序放入蛋黃、低筋麵粉、鹽、胡椒、肉荳蔻，每次加入後都用攪拌器充分混拌。

3 將 2 的 50～60g 各別塗抹至長棍片上，依序擺放洋蔥、培根、格呂耶爾起司。

4 放入烤箱中烘烤 5～6 分鐘。

海味焗烤風格開面三明治

材料 **4人份**

長棍 … 1/2 條
奶油 … 10g
低筋麵粉 … 10g
牛奶 … 100ml
鹽、胡椒 … 各適量
奶油（拌炒食材用）… 6g
冷凍綜合海鮮 … 80g
橄欖（黑、綠）… 各 4g
半乾燥番茄 … 8g
白酒 … 適量
綜合起司 … 適量

準備

長棍切成 2cm 厚，橄欖和
半乾燥番茄切碎。

製作方法

1 將奶油放入鍋中以小火加熱，融化後加入全部的低筋麵粉，在受熱噴濺前迅速地混拌。

2 在 1 中加入牛奶，快速混拌後過濾。

3 將 2 放回鍋中，用小火加熱。待產生濃稠後熄火，用鹽、胡椒調味，盛出備用。

4 在熱好的鍋中放入奶油（拌炒食材用），融化後加進冷凍綜合海鮮、2 種橄欖、半乾燥番茄，輕輕拌炒。

5 在 4 中加入白酒，加熱至酒精揮發。待食材完全受熱後熄火，與 3 混拌。

6 在切片的長棍上，依序擺放 5、綜合起司，放入烤箱烘烤 5～6 分鐘。

用潘娜朵妮製作

覆盆子麵包布丁

材料　4人份

潘娜朵妮
（Panettone）… 30g
雞蛋（全蛋）… 1 個
蛋黃 … 1 個
細砂糖 … 30g
覆盆子果泥 … 85g
牛奶 … 80ml
蘭姆酒 … 4ml
糖粉 … 適量

製作方法

1 缽盆中放入雞蛋、蛋黃、細砂糖，充分混拌後加入覆盆子果泥混拌。
2 牛奶溫熱至約 40℃，加入 1 混拌。
3 將蘭姆酒加入 2，過濾。
4 將 3 倒入烤皿，排放在倒有熱水的方形淺盤上，放入 170℃的烤箱蒸烤 30 分鐘。
5 完成蒸烤後，由烤箱取出放涼，篩上糖粉。依個人喜好在中央裝飾香葉芹。

準備

潘娜朵妮切成 5mm
塊狀放入烤皿內。

保斯寶克 Bostock

材料　4人份

潘娜朵妮 … 圓片狀 4 片　　蘭姆酒 … 20ml
奶油（無鹽）… 20g　　覆盆子糖漿 … 40ml
細砂糖 … 20g　　杏仁片 … 40g
蛋液 … 14g　　糖粉 … 適量
杏仁粉 … 20g

製作方法

1 缽盆中放入奶油，攪拌至柔軟，加入砂糖，用攪拌器充分混拌。
2 在 1 中少量逐次加入蛋液，加入杏仁粉和蘭姆酒混拌。
3 用毛刷將覆盆子糖漿刷塗在切成片狀的潘娜朵妮表面，之後各別放上 20g 的 2 均勻塗抹。
4 將杏仁片排放在 3 的表面，放入 170℃的烤箱烘烤約 20 分鐘。
5 完成烘烤後，取出放涼，篩上糖粉。

用皮塔餅製作

普羅旺斯燉菜的
皮塔餅三明治

材料 4人份

皮塔餅（Pita）… 4 片

<普羅旺斯燉菜>

洋蔥 … 1/2 個	大蒜 … 1 瓣
櫛瓜 … 1/2 個	番茄罐頭 … 1/2 罐（200g）
茄子（中型）… 1～2 個	固態高湯塊 … 1/4 個
甜椒（黃）… 1/2 個	羅勒葉（乾燥）… 適量
甜椒（紅）… 1/2 個	奧勒岡葉（乾燥）… 適量
橄欖油 … 適量	鹽、胡椒 … 各適量
	萵苣 … 適量

準備

皮塔餅對半切。洋蔥、櫛瓜、茄子、甜椒各切成 2cm 的方塊，大蒜切碎。萵苣一片片撕開。

製作方法

1 將橄欖油倒入熱平底鍋中，避免燒焦地拌炒大蒜。

2 依序將洋蔥、櫛瓜、茄子、甜椒、番茄罐頭加入 **1** 中，混合拌炒。

3 在 **2** 中加入固態高湯塊、羅勒葉、奧勒岡葉，轉為小火，利用蔬菜釋出的水分燉煮。

4 待水分揮發產生稠濃時，熄火，用鹽、胡椒調味後，放至降溫。

5 在皮塔餅中夾入萵苣和 **4** 的普羅旺斯燉菜。

用鄉村麵包製作

麵包丁

材料 4人份

鄉村麵包（Pain de campagne）… 1/4 個	橄欖油 … 75ml
	羅勒醬 … 16g
大蒜（切碎）… 15g	

製作方法

1 鄉村麵包切成 2～3cm 的方塊，置於常溫中一天使其乾燥。

2 大蒜放入缽盆中，與橄欖油和羅勒醬一起混合拌勻，製作成醬。

3 將 **1** 的鄉村麵包放入 **2** 中沾裹。

4 以 170℃的烤箱將 **3** 烘烤 25～35 分鐘。

世界各地麵包的搭配變化

麵包雖然直接享用就很好吃，
但在不同國家存在著各種意想不到的食材組合搭配。

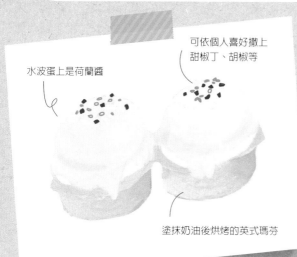

水波蛋上是荷蘭醬

可依個人喜好撒上
甜椒丁、胡椒等

塗抹奶油後烘烤的英式瑪芬

美國

班尼迪克蛋 Eggs Benedict

是美國早午餐最經典的菜色。英式
瑪芬橫向對半分切，表面烘烤得香
脆後，擺放火腿、培根、水波蛋等，
再澆淋上使用蛋黃、奶油製作的荷
蘭醬 Hollandaise Sauce。麵包蘸
上蛋液和醬汁的滑順口感真是絕妙
美味。依店家和地區不同，有各式
各樣的食譜，在日本也是常見的
早餐選項。

越南

越式法包 Bánh mì

越南在十九世紀曾是法國的殖民
地，食用麵包已經成為習慣。街邊
小吃攤常可看到的越式法包 Bánh
mì，尺寸是單次享用的法國麵包，
劃入切紋後，塗抹豬肝醬、夾入火
腿、醋漬蘿蔔、大量生菜，再澆淋
上越南醬油「魚露 Nước mắm」，
就完成了。

一餐吃完的法國麵包尺寸

夾入豬肝醬、醋漬
紅蘿蔔和白蘿蔔

調味料是魚露，
還有大量香菜！

作為點心時用果醬，作為餐食時，會放入鮭魚卵或燻鮭魚

像可麗餅般薄煎的餅皮

俄羅斯
布利尼 Блины

俄羅斯春之祭典的「謝肉節 Масл-еница」，所享用可麗餅般的傳統薄餅，圓形象徵太陽。現在則作為前菜、餐食、點心等，日常生活也經常享用。因為使用了麵包酵母，因此麵團上會產生氣泡，呈現出鬆軟的口感。可以搭配果醬、蜂蜜、酸奶油、鮭魚卵、燻鮭魚一起享用。

☪ 土耳其
鯖魚三明治 Balik Ekmek

土耳其伊斯坦堡著名的鯖魚三明治。水平地劃開稱為 Ekmek 的餐食麵包，夾入烤得噴香的鯖魚和切成薄片的洋蔥等，澆淋檸檬汁和鹽享用。在日本最近也興起了「鯖魚三明治」的熱潮，取代 Ekmek 餐食麵包的是吐司或皮塔餅，調味也可依個人喜好來調整。

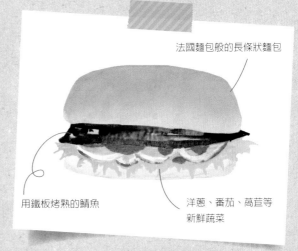

法國麵包般的長條狀麵包

用鐵板烤熟的鯖魚

洋蔥、番茄、萵苣等新鮮蔬菜

變硬的麵包，浸水後擠乾水分，撕碎放入

調味使用的是醋、橄欖油、鹽、胡椒等

義大利
麵包沙拉 Panzanella

自古以來，為有效利用乾掉的剩餘麵包，而想出的托斯卡尼料理，很推薦在食慾不振的夏天享用。麵包用水浸泡飽含水分，只要連同切好的蔬菜一起以橄欖油和紅酒醋混拌即可。變軟的麵包和爽脆的蔬菜組合，風味與樂趣十足。

麵包的歷史

世界各地現在享用的麵包。
究竟麵包
是從何時誕生呢？
讓我們一起用西洋雙陸棋來回顧
麵包起始至今的歷程吧。

START

B.C.8000 ～ 4000 年

人類最早的麵包
誕生於美索不達米亞地區

人類與穀物的歷史，可以追溯至西元前8000年前。從巴勒斯坦至伊拉克，美索不達米亞地區的古代遺跡中，可以推測出當時已經開始有麥類的栽植。到了西元前4000年，碾磨成粉類的大麥和小麥中加入水分，直接用火烘烤，已開始享用像煎餅般的食物，據說這就是現在麵包的原形。

古代的麵包

被認為是麵包原形，煎餅一般的麵包，被稱為「無發酵麵包」、「平烤麵包」。中東各國，至今仍持續承襲著這樣的無發酵麵包，在日常生活中食用。

B.C.1000 年左右

麵包傳至古希臘後的
各種發展

古埃及的麵包製作技術傳到古希臘後，靈活運用了地中海沿岸的橄欖、葡萄乾等，組合製作出麵包。希臘因而有麵包師傅的誕生，對麵包的大小、形狀、風味等進行品質管理。

古埃及的甜甜圈!?

古埃及時代，拉美西斯三世（Ramesses III）的墓地壁畫，除了有發酵麵包的製作方法之外，還描繪著將麵包麵團油炸製成，甜甜圈般的麵包！

前進 1 格

B.C.4000 ～ 3000 年左右

偶然之下
製作出發酵麵包

在古埃及，用水揉和小麥粉製作出的麵團，放著放著就沾附了空氣中的野生酵母。因炎熱使得麵團發酵，變大、變得膨脹。試著烘烤後，發現變成又香又美味的麵包！古埃及人將此視為「神之饋贈」欣喜不已，麵包製作也因而盛行。

舞台轉向日本

B.C.300 ～ A.D.500 年左右

古羅馬帝國奠定了
近代麵包的基礎

麵包製作技術經過古希臘進入古羅馬時代。此時，據說光是羅馬就有200 間以上的麵包坊。在羅馬帝國管理下發展的古代都市－龐貝遺址中，挖掘出當時的製粉工坊、麵包工坊，一連串石臼、石窯、麵包等，由此可知那時已能做出與現今相近的麵包了。

A.D.1600 ～ 1700 年左右

在文藝復興時開花的
歐洲麵包文化

起源於義大利的文藝復興時期，麵包已經逐漸擴散並深入各地，一般家庭也能製作。法國麵包的誕生，也在這個時期。奧地利公主瑪麗・安東妮（Marie-Antoinette）遠嫁法國路易十六，據說帶著專屬的麵包師傅同行，因此將可頌和布里歐等傳入法國。

B.C.200 年左右

小麥傳入日本

日本在彌生時代左右，就從中國傳入了小麥。據說當時已經開始享用小麥磨成粉，與水混拌，烘烤成像煎餅一樣的食物了。

前進到下一頁

麵包傳入日本

1543 年，槍砲傳入日本的同時，麵包也由葡萄牙傳入，因此據說パン（麵包）的語源就是源自於葡萄牙語的「pão」。

A.D.500 ～ 1200 年左右

隨著基督教普及而
擴及全歐洲

在古羅馬時代，麵包同時也顯示出社會階層。上流階層的人們享用的是精製麵粉，製作的「白麵包」，庶民吃的是篩選殘留下的粉類，製作的「黑麵包」。也曾經有貴族、教會及修道院獨占麵包製作的時代。

基督教與麵包

基督教義中，麵包被視為「耶穌的軀體（肉）」、葡萄酒是「耶穌的血」，因而在基督教儀式裡，麵包是不可或缺的存在。

1842 年

幕府緊迫狀況下
製作出的軍糧麵包

連同槍砲一起傳入日本的麵包，因鎖國政策而在日本消聲匿跡。但到了江戶末期，麵包作為應對外國侵略的儲備軍糧而再次復活。當時的麵包，因重視保存性，做成乾麵包般的環狀成品，串過細繩掛在腰上。

4月12日是麵包日

軍糧麵包最初製作是在 1842 年的 4 月 12 日，因此在 1982 年由麵包食用普及協議會，將 4 月 12 日制定為「麵包記念日」。

1869 年

紅豆麵包成為人氣商品
麵包深入庶民生活

現在東京新橋車站西口附近，是第一位日本人－木村安兵衛開設麵包坊「文英堂」（現在的木村屋總店）的地方。安兵衛和第二代英三郎，發想製作出在酒種麵包麵團中包入紅豆餡的「酒種紅豆麵包」。1875年，又在麵包中央壓放鹽漬八重櫻，做出「櫻花紅豆麵包」獻給明治天皇，成為皇宮御用品。

前進 2 格

1918 年之後

德國和美國的麵包
在日本也能製作

第一次世界大戰後，日本各地收容所的德國戰俘中，也有麵包師傅。之後他們在日本開設麵包坊，將德國麵包製作技術和德式烤箱導入日本。從同盟國的美國，傳入了添加砂糖、奶油的柔軟麵包，開始在工廠大量生產。

甜點類麵包
持續登場

紅豆麵包誕生約 30 年後，木村屋總本店做出了果醬麵包、新宿中村屋做出了卡士達麵包（奶油麵包），一躍成為人氣商品。

咖哩麵包的誕生

深川常磐町的名花堂（現在的 Catt-lea），想出了炸豬排和咖哩為配料的「西式調理麵包」。在昭和二年，登錄為實用新型專利。

休息一次

1939 年後

戰爭時期的糧食荒
麵包從日本國內消失了

在平民百姓間逐漸被認可的麵包，因二次世界大戰開始，又再度消失蹤影。日本糧食改為配給制，作為麵包材料的麵粉也漸漸不足，麵包因此下市。取代白米的是配給的乾麵包。

糧荒時的麵粉

難以取得糧食的時代，會在少量麵粉中添加混入麥麩或橡實粉、雜草等，作為麵粉的代用品。

1940 年～戰後

因美國的援助物資
而開始以麵包供應營養午餐

二次世界大戰後，糧荒的日本收到了來自美國援助物資的麵粉，因而再次開始麵包製作。學校營養午餐會配給橄欖形麵包或吐司，能大量生產的麵包工廠也開始增加。到了 1960 年代，生活形態開始西化，開啟了麵包與米飯同樣被當成主食的時代。

現在

日本的麵包食用文化：
高品質且富有變化

現在的日本，以吐司、甜點類麵包為首，世界各國的麵包都能製作。最近，出現使用米粉或大豆粉的麵包，可以說是麵包極致多樣化的時代。個人的烘焙坊、咖啡廳、超市、超商等，所有店家，都能輕易購買到麵包。

家庭也能輕鬆製作麵包

1980 年代，家電廠商開始販售，放入材料就能自動烤出麵包的家庭烘焙機，成為超級熱賣商品。

29

世界麵包之旅

歐洲的麵包
EUROPE

法國、德國等，麵包大國的地區。利用小麥、裸麥等簡單的材料，製成的餐食麵包；還有使用了大量奶油、牛奶製作的糕點麵包等等，麵包的種類樣式眾多。有些麵包具象徵意義，因此許多是傳統活動或節慶才會出現。

亞洲的麵包
ASIA

雖然是以米食為主食的地區，但也有不少種類的麵包。除了由中東傳來，無發酵的扁平麵包之外，也有不需烘烤的蒸包。在日本，麵包大多傳自歐美。因氣候、風土的差異，因而產生各國獨有的麵包文化。

非洲‧中東的麵包
AFRICA & THE MIDDLE EAST

被稱為麵包、小麥故鄉的地區，因此留有許多款原始未發酵的麵包。大多與餐食結合，因此多半是可以舀起菜餚、或像盤皿、叉子般，扁平的麵包為主流。

十六世紀連同槍砲一起由歐洲傳入日本的就是麵包。或許是這樣的印象吧，只要提到麵包，大多數人的心中，浮現的都是法國麵包或英式吐司等歐式麵包，但其實日本也發展出獨有的紅豆麵包、咖哩麵包等麵包文化。

另外，乍看之下似乎不太習慣享用麵包的非洲及中東地區，其實也有充滿異國特色、個性化的麵包。世界上很多麵包的種類，都能反應出民族、國情、風土，而風味上更是展現當地的喜好，非常多樣化。來吧，來趟認識世界麵包的旅行吧！

北美‧南美的麵包
NORTH & SOUTH AMERICA

聚集眾多人種居住的北美，已然是引領麵包流行的地區。以紐約為中心，在當地點燃流行後熱賣至日本的麵包不計其數。另一方面，在南美也會經常享用，以小麥或裸麥之外的穀類製作的麵包。

法國的麵包

由簡單的麵團
變化出各種口感

　　法國的麵包，可以分成三大類。傳統製作方法製作的長棍 Baguette、巴塔 Bâtard 等「Pain au traditionnel」；稱為維也納／酥皮類「Viennoiserie」，使用大量副材料的 RICH 類（高糖油成分）麵包；以及稱為鄉村麵包 Pain de campagne 等的「Pain Spécial」。

　　以長棍為代表的 Pain au traditionnel，是在麵粉中添加麵包酵母、鹽、水製作的單純麵團，使用了接近中筋麵粉的麵粉。在日本雖然被稱為法國麵包專用粉，但因蛋白質含量較大多數麵包使用的高筋麵粉更少，所以整體的表層外皮（麵包外皮）更香、柔軟內側（麵包中間）口感更輕盈。降溫後立即享用最理想。特色是使用相同的麵團，製作出各種形狀，同樣長條狀的麵包中，也有分成長棍、巴塔、巴黎人 Parisien、細繩 Ficelle 等各式種類。根據麵團的重量與烘焙完成的大小、形狀，表層外皮的面積與柔軟內側的密度也會不同，即使原本是相同的麵團，但實際上風味卻是富有各種變化。

　　另一方面，可頌 Croissant 和布里歐 Brioche 等具代表性的維也納／酥皮類（Viennoiserie），是點心或週末早餐略微奢侈的麵包。麵包麵團中添加了雞蛋、砂糖、奶油等油脂類的配方，據傳是維也納糕點師傅傳至法國。

　　而 Pain Spécial 的代表性麵包，就是鄉村麵包 Pain de campagne，用發酵種緩慢發酵，因此有獨特的風味及香氣，相較於長棍，更能保存較長的時間。

為了品嚐出馨香表層外皮的麵包

長棍
Baguette

配方比例
法國麵包專用粉：100%
麵包酵母（Dry yeast）：0.4%
麥芽糖漿：0.3%
鹽：0.2%
水：68～70%

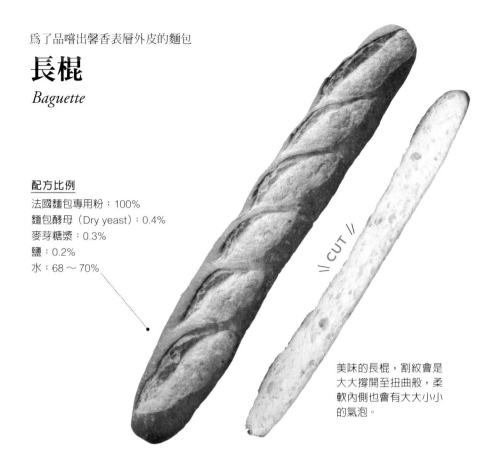

CUT

美味的長棍，割紋會是
大大撐開至扭曲般，柔
軟內側也會有大大小小
的氣泡。

　用基本的麵粉、麵包酵母、鹽、水製作，是 Pain au traditionnel 的代表款。Baguette 的意思是「杖」或「棍」，在當地全長約 60～70cm 左右。因為是細長形，有著較多面積的表層外皮，能充分地品嚐出馨香及脆口。也因為材料簡單，很容易因製作者不同而有明顯的差異。法國人會為了追求喜好的麵包，特地前往熟悉的

BOULANGERIE（麵包坊）。為了剛出爐的美味麵包，一天中每餐都來購買也毫不奇怪。十八世紀中期，雖然似乎已可製作出這樣的麵包，但長棍形狀的普及，仍在 1920 年後。為嚴守麵包師傅的勞動條件，法律規定早上四點前不能工作，為了能配合早餐時間完成，縮短發酵及烘烤時間，因此長條狀廣為普及。

(DATA)

類型：LEAN 類（低糖油成分）	烘焙法：直接烘烤
主要穀物：麵粉	尺寸：長 54× 寬 7× 高 4.7cm
酵母種類：麵包酵母（Yeast）	重量：257g

可以購得照片上麵包的商店：POMOADOUR ⇒ P.187

長棍 Baguette

每天都出現在餐桌上的長棍，可以說是麵包坊的招牌商品。
僅以簡單的粉類、酵母、鹽、水爲材料製作，是閃耀並展現各家嚴選食材與技術的麵包。
※ 沒有特別標示，爲未稅價。

VIRON

ヴィロン渋谷店　⇒ P.178

Baguette rétrodor

1 條／ 380 日圓

重現法國當地的風味！

材料、製作方法到機具，都堅持
使用法國當地的。採用專為此款
長棍調配的粉類，能做出香氣
足、且柔軟內側 Q 彈的成品。

使用小麥：Rétrodor
酵母種類：麵包酵母（新鮮酵母）
製作方法：隔夜法（Overnight）
其他：使用 Contrex（硬水）、
蓋朗德鹽

重量 248g

49.3 cm

5cm　6.5cm

d'UNE rareté

デュヌ・ラルテ　⇒ P.181

Baguette

1 條／ 330 日圓（含稅）

無論什麼餐食
都能搭配的萬能選手

使用少量麵包酵母，使其長
時間緩慢發酵，藉以釋放出
小麥最佳風味。隱約中的甜
味能搭配各式各樣的餐食。

使用小麥：Smurera T70（スムレラ）、
Kitanokaori（キタノカオリ）、香麥
酵母種類：麵包酵母（Instant dry yeast）
製作方法：隔夜法（Overnight）
其他：使用沖繩鹽（シママース）

重量 139g

30 cm

4.5cm　5.5cm

Toshi Au Coeur du Pain

トシオークーデュパン

⇒ P.181

Baguette

1 條／ 180 日圓

主題就是法國

不加酵母食品添加劑。為
重現法國當地風味，使用
了法國產小麥等嚴選食
材。鬆軟的柔軟內側，是
每天都想吃的美味。

使用小麥：Merveille
酵母種類：麵包酵母（新鮮
酵母）、液種、發酵種
製作方法：非公開
其他：使用麥芽糖漿（malt）

重量 273g

53.8 cm

4.2cm　6cm

CHEZ BIGOT SAGINUMA

ビゴの店鷺沼

⇒ P.183

Baguette

1 條／ 350 日圓

酥脆口感無法抵擋

長時間低溫發酵，使
得小麥風味特別突
出，口感十足。表層
外皮香脆、硬脆的口
感，是享用時最期待
的樂趣。

使用小麥：法國產小麥
酵母種類：麵包酵母
（法國產 Yeast）
製作方法：長時間低溫
發酵、直接法

重量 238g

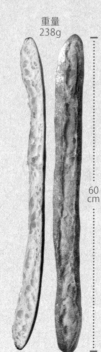

60 cm

3.5cm　5.8cm

TROISGROS

トロワグロ ⇒ P.181

Baguette

1 條／ 345 日圓（含稅）

具有彈力的表層外皮，咀嚼感十足

與法國米其林三星餐廳聯手的精品長棍。表層外皮的香氣、柔軟 Q 彈的內側，紮實的咀嚼口感。

使用小麥：非公開
酵母種類：非公開
製作方法：直接法

重量
257g

60 cm

4.5cm   7cm

Boulangerie Django

ブーランジュリージャンゴ ⇒ P.184

Baguette tradition

1 條／ 280 日圓（含稅）

配方中添加了蔚為話題的古代小麥

使用了古代小麥種的斯佩耳特小麥（Triticum spelta）。打開包裝袋的瞬間，香氣四溢，咀嚼口感也十分紮實。

使用小麥：利斯朵（ビスドール）、Kitanokaori（キタノカオリ）全麥粉、Monstyle、斯佩耳特小麥
酵母種類：自製麵包種、麵包酵母（新鮮酵母）
製作方法：隔夜法（Overnight）
其他：使用蓋朗德鹽

重量
189g

37.2 cm

4.7cm 6.8cm

重量
266g

Prologue plaisir

プロローグ プレジール
⇒ P.186

Syohei baguette

1 條／ 278 日圓

視覺滋味都非常美妙的長棍

劃入漂亮割紋的長棍，風味絕佳。降低了配方中麵包酵母的用量，利用隔夜法更顯出小麥的甜味。

使用小麥：Montblanc、Bokuranokomugi（僕らの小麦）
酵母種類：麵包酵母（Instant dry yeast）
製作方法：隔夜法（Overnight）
其他：使用沖繩鹽（シママース）

55.5 cm

4.3cm   5.8cm

PAUL

ポール ⇒ P.186

Baguette flûte ancienne

1 條／ 313 日圓（含稅）

柔軟內側與表層外皮絕妙的均衡呈現

承襲了十九世紀的法國製作方法，這款長棍對鹽、水有特別的堅持，追求風味。薄薄的表層外皮和輕盈入口即化的柔乾內側，滋味精妙。

使用小麥：法國產小麥T65
酵母種類：麵包酵母（Yeast）
製作方法：直接法

重量
209g

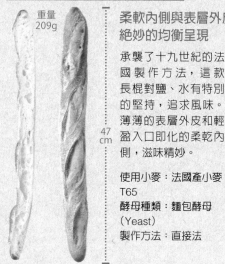

47 cm

4cm   5cm

鬆軟的柔軟內側令人欣喜

巴塔

Bâtard

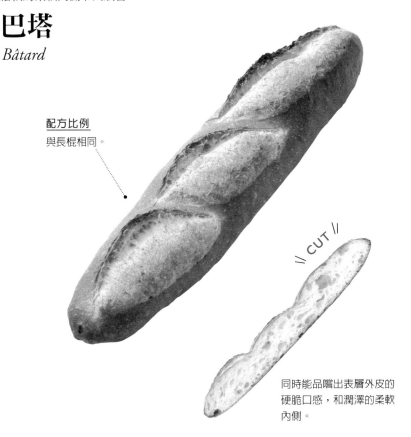

配方比例
與長棍相同。

‖ CUT ‖

同時能品嚐出表層外皮的
硬脆口感，和潤澤的柔軟
內側。

　　法語以「中間」爲名的 Bâtard，是介於略細的長棍和 2 里弗麵包（二磅的麵包 Deux Livres）（麵團重約 1kg、全長約 55cm）之間的尺寸。在法國，與長棍並列最常食用的麵包。基本麵團與長棍相同，但較長棍寬，標準長度在 40cm 或更短，大多會劃入 3 條左右的割紋。雖然麵團相同，但成品的味道與口感卻截然不同。若說長棍主要是享受表層外皮的硬脆，那麼巴塔就是推薦給喜歡比較多柔軟內側的人。鬆軟的口感，也適合搭配湯品或蘸取各式醬汁料理。切成厚片後塗抹奶油或果醬、也能以片狀製作三明治。即使不習慣法國麵包的人也很容易接受，在日本極受青睞。

DATA	
類型：LEAN 類（低糖油成分）	烘焙法：直接烘烤
主要穀物：麵粉	尺寸：長 41× 寬 9× 高 6cm
酵母種類：麵包酵母（Yeast）	重量：265g

比長棍大一圈的「巴黎之子」

巴黎人

Parisien

配方比例
與長棍相同。

\\ CUT \\

柔軟內側十分美味。
切面寬，也推薦用於
製作三明治。

正式名稱是「Pain Parisien」（巴黎的麵包），曾經是一款勝過長棍的主流商品。長條狀的麵包略粗，基本長度是 68cm，割紋約是 5～6 條。厚切享用能同時品嚐到脆口的表層外皮以及鬆綿的柔軟內側。

― Column ―

長棍的形狀
有規定嗎？

曾有規定必須有 7 條割紋（P.173）、重約 350g。但現在已經自由化，可依隨店家的講究或流行，各家店舖有不同樣式。

〔 DATA 〕

類型：LEAN 類（低糖油成分）	烘焙法：直接烘烤
主要穀物：麵粉	尺寸：長 53× 寬 9× 高 6cm
酵母種類：麵包酵母（Yeast）	重量：424g

可以購得照片上麵包的商店：POMOADOUR ⇒ P.187

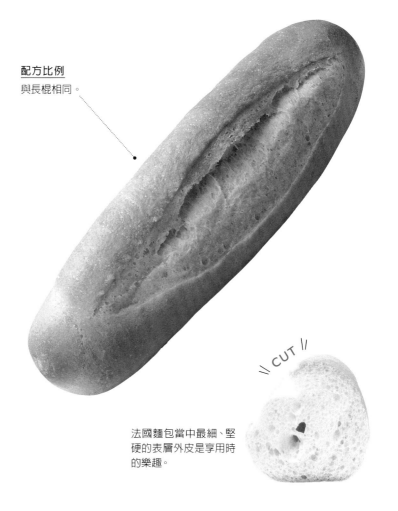

魅力在於一個人也能完食的尺寸

細繩

Ficelle

配方比例
與長棍相同。

\\ CUT \\

法國麵包當中最細、堅
硬的表層外皮是享用時
的樂趣。

　　Ficelle 法語是「細繩」的意思。基本長度是略短的 30cm。在法國喜歡硬脆表層外皮的人比較多，因此這款柔軟內側相對較少的 Ficelle 因而誕生。縱向劃入一條割紋，水平橫向剖開就能作成三明治。

〔 DATA 〕

類型：LEAN 類（低糖油成分）	烘焙法：直接烘烤
主要穀物：麵粉	尺寸：長 20× 寬 5.5× 高 4.5cm
酵母種類：麵包酵母（Yeast）	重量：71g

可以購得照片上麵包的商店：Bois de Vincennes ⇒ P.187

意思是「2磅」重量感十足的麵包

2里弗麵包
Deux Livres

配方比例
與長棍相同。

基本上麵團重量約850g、基本長度55cm，形狀厚實且寬，因此無論是表層外皮或是柔軟內側份量十足。因爲以較大型的麵團來烘焙，因此水分不易散失，口感較Q彈，可以切成片狀製成三明治或取代吐司。

想要品嚐潤澤柔軟內側的風味，就選整根買回家，在未乾燥前就會全部吃完。

DATA	類型：LEAN類（低糖油成分）	烘焙法：直接烘烤
	主要穀物：麵粉	尺寸：長42.5×寬11×高7.5cm
	酵母種類：麵包酵母（Yeast）	重量：562g

可以購得照片上麵包的商店：POMOADOUR ⇒ P.187

✕✕

意思是「圓球」的球狀麵包

圓球
Boule

配方比例
與長棍相同。

Boule的名稱，也是Boulanger（麵包師傅）和Boulangerie（麵包坊）的語源。以烘焙時間較短的長條狀法國麵包爲主流之下，一直以來受到喜愛的圓球麵包，有著特別鬆綿的柔軟內側，特徵是十字狀的割紋。

表層外皮薄，相較於其他麵包更爲柔軟。切片烘烤後可以做成三明治。

DATA	類型：LEAN類（低糖油成分）	烘焙法：直接烘烤
	主要穀物：麵粉	尺寸：直徑18×高8.3cm
	酵母種類：麵包酵母（Yeast）	重量：279g

可以購得照片上麵包的商店：Boulangerie Palmed'or ⇒ P.184

用手撕開「麥穗」享用，最美味

麥穗

Epi

配方比例
與長棍相同。

在法國大多是原味的麵團，但在日本放入培根或起司的麥穗也很受歡迎。

與代表「Pain au traditionnel」的長棍麵團相同，整形成長條狀以外的「Pain fantaisie」花式麵包之一。即使麵團相同，形狀、大小不同，口感和風味也會大異其趣，麥穗就是其中之一。所謂 Epi，法語是「麥穗」的意思，整形成細長條狀的麵團，劃入切紋，左右交錯拉開再烘焙。表層外皮和柔軟內側同樣嚼感十足，越是咀嚼越能品嚐出小麥的美味。麥穗尖端部分特別香脆堅硬，享用時不需用刀子切，一般都用手撕開享用。大小有像長棍般長條狀，也有短的。在法國常會在餐廳中，與料理一同供應。

DATA

類型：LEAN 類（低糖油成分）	烘焙法：直接烘烤
主要穀物：麵粉	尺寸：長 51× 寬 8.5× 高 5cm
酵母種類：麵包酵母（Yeast）	重量：259g

可以購得照片上麵包的商店：Boulangerie Palmed'or ⇒ P.184

蕈菇形的小型麵包

蘑菇
Champignon

配方比例
與長棍相同。

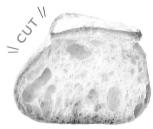

有著鬆軟具厚度的柔軟
內側，因此很適合搭配
湯品或醬汁料理。

整型成圓滾滾的麵團上端，覆蓋著像圓盤般的薄麵
團，看起來像蕈菇的麵包。下面是柔軟內側，上面「傘」
狀部分，能品嚐到香脆表層外皮的口感。小小的麵包，
凝聚了整根長棍的美味，最適合作為餐食麵包。

— Column —

其他的花式麵包

不是長條狀的花式麵包，還有
其他的種類。圓球、蕈菇、雙
胞胎等都屬於此類。

DATA

類型：LEAN 類（低糖油成分）	烘焙法：直接烘烤
主要穀物：麵粉	尺寸：直徑 8× 高 7.2cm
酵母種類：麵包酵母（Yeast）	重量：42g

特徵是緊致綿密的柔軟內側

雙胞胎

Fendu

配方比例
與長棍相同。

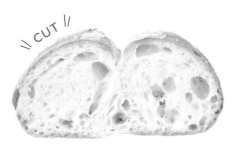

\| CUT \|

是緊實有密度的麵團，
即使切成薄片也嚼感十
足，還能烤熱享用。

　Fendu 是「裂縫」、「雙胞胎」的意思。麵團中央以擀麵棍按壓使其凹陷，做出 2 個緊貼著的小山形狀。雖然是長棍麵團，但沒有劃切割紋，所以會是緊緻紮實的內側，能確實嚼出小麥的風味。

$$\boxed{\text{DATA}}$$

類型：LEAN 類（低糖油成分）	烘焙法：直接烘烤
主要穀物：麵粉	尺寸：長 24× 寬 16× 高 8cm
酵母種類：麵包酵母（Yeast）	重量：283g

輕鬆簡單就能嚐到長棍的美味

橄欖形
Coupe

配方比例
與長棍相同。

Coupe 是「被切開」的意思，日文也是稱爲クーペ。 在正中央劃入 1 條割紋，因此外側香脆，內側柔軟。是能一次吃完且能嚐出長棍麵團美味的尺寸。整型簡單，因此在家自己製作也很容易。

\\ CUT \\

柔軟內側膨脹起來，劃切漂亮的割紋就能烘焙出恰到好處的成品。

DATA	類型：LEAN 類（低糖油成分）	烘焙法：直接烘烤
	主要穀物：麵粉	尺寸：長 15× 寬 8.5× 高 6.5cm
	酵母種類：麵包酵母（Yeast）	重量：99g

像是可放置物品般的獨特形狀

煙盒
Tabatiere

配方比例
與長棍相同。

法文是「煙盒」的意思。滾圓的麵團，用擀麵棍薄薄地將三分之一擀薄，像蓋子般覆蓋成裝有物品的形狀。上端硬脆，和下端柔軟的口感，能均衡享受的樂趣，形狀大小與麵團的厚度，也會造成口感不同，有圓形也有橢圓形等其他種類。

\\ CUT \\

以小型尺寸烘焙完成，表層外皮十分香脆。

DATA	類型：LEAN 類（低糖油成分）	烘焙法：直接烘烤
	主要穀物：麵粉	尺寸：長 8.5× 寬 6× 高 5cm
	酵母種類：麵包酵母（Yeast）	重量：43g

可以購得照片上麵包的商店：Boulangerie Palmed'or ⇒ P.184

充分烘焙的麵團散發出輕柔的奶油香氣

可頌
Croissant

\\ CUT //

能烘焙出美麗的層次，每一口都能吃出香酥的口感。

配方比例

法國麵包專用粉：100%
麵包酵母（Instant dry yeast）：2%
砂糖：10%
鹽：2%
脫脂牛奶：3%

奶油：10%
雞蛋：5%
水：50%
折疊用奶油：50%

　　在當地經常作爲早餐享用的可頌。可頌的口感，源自於擀壓開的麵包麵團擺放奶油層，幾次折疊後，使麵團和奶油產生交疊的層次。烘焙時，麵團輕柔地被撐起，奶油層融化後，就形成了香酥的薄層表皮和柔軟的內側。奶油的用量，基本約是麵粉的 25 ～ 50%。最早誕生於奧地利，起源是爲了紀念擊退土耳其軍隊，因

此將土耳其旗幟上的新月形，烘焙成麵包。當時是一種稱爲 Kipferl 象徵新月的硬質麵包。之後，瑪麗・安東妮（Marie-Antoinette）出嫁傳入法國，二十世紀初期發展成現在的折疊麵團。在法國，折疊油脂使用的是奶油時，會作成菱形，使用其他種類的油脂時，則大多會做成新月形狀。

DATA

類型：RICH 類（高糖油成分）	烘焙法：烤盤烘焙
主要穀物：麵粉	尺寸：長 15× 寬 8× 高 6cm
酵母種類：麵包酵母（Yeast）	重量：42g

可以購得照片上麵包的商店：廣島 Andersen ⇒ P.183

喜愛甜食的人早餐不可欠缺

巧克力麵包

Pain au chocolat

配方比例
與可頌相同。

── Column ──

可頌的變化組合

包捲起司、維也納香腸、巧克力等，可以有各式各樣的創意。近年來日本也有用可頌麵團製作的鯛魚燒或甜甜圈等變化版。

\\ CUT \\

有時也會在表面點綴上杏仁片。重新烘烤溫熱時，巧克力就會像剛出爐般融出。

　　可頌麵團中包入長條狀的巧克力，在法國是早餐或點心的經典基本款。剛烘焙完成時，香酥的麵包與香甜軟滑的巧克力，形成絕妙的組合。巧克力的種類、用量，風味有絕對的差異，因此也可以試著找出自己喜歡的材料。

────────（ DATA ）────────

類型：RICH 類（高糖油成分）	烘焙法：烤盤烘焙
主要穀物：麵粉	尺寸：長 11.5× 寬 9× 高 6.5cm
酵母種類：麵包酵母（Yeast）	重量：61g

可以購得照片上麵包的商店：MAISON KAYSER ⇒ P.188

可頌

多重纖細層疊、充滿美感的可頌。這樣藝術般的麵包，
從製作方法到嚴選食材，完全展現麵包師傅的技巧。
※沒有特別標示，爲未稅價。

---

itokito

イトキト ⇒ P.178

可頌

1 個／ 210 日圓（含稅）

各式各樣的結合搭配充滿樂趣

表皮紮實又酥脆的口感，任何
時候都能完美享用，降低了鹽
分也適合各種餐食。

使用小麥：Lys D'or、Eagle
酵母種類：麵包酵母
（Oriental US 新鮮酵母）
製作方法：隔夜法（Overnight）

7.8 cm

12cm

5.8 cm

重量 32g

ÉCHIRÉ
MAISON DU BEURRE

エシレ・メゾン デュ ブール ⇒ P.178

艾許奶油可頌 50% 有鹽奶油／無鹽奶油

1 個／ 486 日圓（含稅）

喜歡奶油的人無法抗拒

原料 50% 使用的是艾許奶油
的極致可頌，享用時奶油的芳
香醇厚擴散整個口腔，直接吃
就能嚐到食材的美妙滋味。

使用小麥：麵粉
酵母種類：非公開
製作方法：非公開
其他：使用艾許奶油

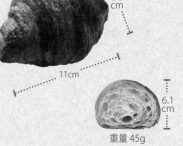

8.8 cm

11cm

6.1 cm

重量 45g

Zopf

ツオップ ⇒ P.181

可頌

1 個／ 220 日圓

發酵奶油的美味格外鮮明

法國產小麥搭配大量發酵奶油
製作。奶油的芳香刺激著食
慾，酥脆口感分明，格外襯托
出麵團的香甜感。

使用小麥：Type 55
酵母種類：麵包酵母（新鮮酵母）
製作方法：非公開
其他：使用發酵奶油

7 cm

12.5cm

5 cm

重量 46g

Croissant

MAISON KAYSER

メゾンカイザー高輪本店 ⇒ P.188

可頌

1 個／ 220 日圓

有著酥脆表皮和香甜質地的極品

特別製作的發酵奶油大量揉和至麵團中，佈滿奶油的芳醇香氣。表皮酥脆噴香，中央是 Q 軟帶著甜味的強韌口感，滋味絕妙。

使用小麥：非公開
酵母種類：液種
製作方法：非公開
其他：使用發酵奶油

8 cm
16cm
6 cm
重量 50g

Maison Landemaine

メゾンランドゥメンヌ ⇒ P.188

可頌

1 個／ 490 日圓

每個都是師傅的親手製作

大量使用 A.O.P. 認證，法國最高級的 Montaigu 奶油。全部手工製作，奶油也是師傅仔細親自進行折疊作業，酥脆的層次和香甜的奶油就是最美味之處。

使用小麥：Genuine
酵母種類：麵包酵母（Yeast）
製作方法：非公開
其他：使用發酵奶油

9.5 cm
18cm
6.7 cm
重量 80g

A.Lecomte

ルコント広尾本店 ⇒ P.189

可頌

1 個／ 180 日圓條

發酵奶油的香氣令人陶醉

是老店糕點師製作的可頌。奢侈地使用發酵奶油完成香氣鮮明的成品。質地除了酥脆之外，咀嚼感十足，如同酥皮點心般。

使用小麥：非公開
酵母種類：非公開
製作方法：非公開

7.5 cm
14cm
6.4 cm
重量 62g

大量的葡萄乾和卡士達奶油！

葡萄麵包

Pain aux raisins

配方比例
與可頌相同。將葡萄乾和
卡士達奶油捲入麵團中。

\\ CUT //

酥鬆的麵團間散發出甘
甜乳香，搭配咖啡再適
合不過。

　　可頌麵團塗抹卡士達奶油餡、擺放
浸漬過蘭姆酒的葡萄乾包捲後，切成
圓片狀烘烤。也可以使用布里歐麵團
或牛奶麵包（pain au lait）麵團。剖面
的渦卷狀也被稱為 escargot，在法國
是非常受歡迎的早餐麵包。

── ◁ DATA ▷ ──

類型：RICH 類（高糖油成分）	烘焙法：烤盤烘焙
主要穀物：麵粉	尺寸：直徑 14× 高 3.3cm
酵母種類：麵包酵母（Yeast）	重量：84g

可以購得照片上麵包的商店：MAISON KAYSER ⇒ P.188

口中滿滿乳香，風味柔和的麵包

牛奶麵包

Pain au lait

配方比例

高筋麵粉：100%
麵包酵母（Dry Yeast）：1.2%
砂糖：12%
鹽：1.6%
奶油：16%
蛋黃：8%
牛奶：68%

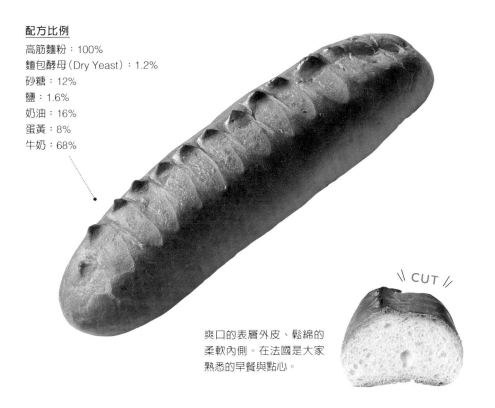

\\ CUT \\

爽口的表層外皮、鬆綿的
柔軟內側。在法國是大家
熟悉的早餐與點心。

　　用牛奶取代水分揉和完成的麵包。有簡
單的餐食麵包款，和添加雞蛋、砂糖的甜
點類麵包款。整型成橢圓形的麵團，剪出

尖角烘烤後形成棘刺形狀，因此也被稱為
Pain picot（棘刺麵包），有時也會劃入割
紋而免除棘刺狀。

───────（ DATA ）───────

類型：RICH 類（高糖油成分）	烘焙法：烤盤烘焙
主要穀物：麵粉	尺寸：長 23.5× 寬 7× 高 4.5cm
酵母種類：麵包酵母（Yeast）	重量：137g

添加砂糖、擁有悠久歷史的麵包

僧侶布里歐

Brioche à tête

配方比例

法國麵包專用粉：75%
高筋麵粉：25%
麵包酵母（新鮮酵母）：5%
砂糖：12%
奶油：50%
雞蛋：50%
鹽：2%
水：9%

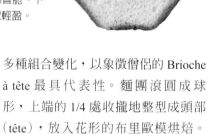

添加較多雞蛋的黃色柔軟內側是其特徵，頂部香脆、下半部鬆軟輕盈。

　起源於十七世紀初的諾曼第。之後傳至巴黎以至於全法國，各地有不同的食譜。阿爾薩斯的發酵糕點「庫克洛夫 Kouglof」也是以布里歐為原型。雖然有些時代將其定位於糕點，據說瑪麗・安東妮（Marie-Antoinette）曾說：「沒有麵包吃蛋糕就好」，這句話的蛋糕，指的就是布里歐。現在有很多種組合變化，以象徵僧侶的 Brioche à tête 最具代表性。麵團滾圓成球形，上端的 1/4 處收攏地整型成頭部（tête），放入花形的布里歐模烘焙。奶油風味與柔軟的口感正是享用的最大樂趣，也會放入葡萄乾或榛果，以增添濃郁及口感。

DATA

類型：RICH 類（高糖油成分）	烘焙法：模型烘焙
主要穀物：麵粉	尺寸：直徑 6.5× 高 6.8cm
酵母種類：麵包酵母（Yeast）	重量：35g

可以購得照片上麵包的商店：VIRON（ヴィロン）⇒ P.178

烘烤成圓柱形的布里歐

慕斯林布里歐
Brioche mousseline

配方比例
與僧侶布里歐相同。

Mousseline 的名稱，源自質地輕薄的薄紗（muslin）。用圓柱形的模型烘焙而成，因此麵團縱向延展，形成鬆軟綿柔的柔軟內側，表層外皮略厚香脆。在法國料理中，臘腸或鵝肝醬等料理會以此麵包佐餐。

放置半天後風味更佳，製成大型麵包時可以切片享用。

DATA	類型：RICH 類（高糖油成分）	烘焙法：模型烘焙
	主要穀物：麵粉	尺寸：直徑 11× 高 10cm
	酵母種類：麵包酵母（Yeast）	重量：283g

小型麵團填入磅蛋糕模烘烤而成

楠泰爾布里歐
Brioche de Nanterre

以巴黎郊外的城市楠泰爾（Nanterre）為名的布里歐。將 8 個滾圓後的小麵團放入長方模型中烘焙。相較於其他的布里歐，整型簡單，在家就能輕鬆製作。因為是較大尺寸的烘烤，因此水分不易流失，能烘烤出潤澤口感的柔軟內側。

配方比例
與僧侶布里歐相同。

切成厚片，或是用手撕開連接處後享用。

DATA	類型：RICH 類（高糖油成分）	烘焙法：模型烘焙
	主要穀物：麵粉	尺寸：長 18× 寬 8.5× 高 8cm
	酵母種類：麵包酵母（Yeast）、麵包種	重量：432g

可以購得照片上麵包的商店：BREAD & TAPAS 沢村 広尾⇒ P.185

添加裸麥粉風味樸實的麵包

鄉村麵包

Pain de campagne

配方比例

法國麵包專用粉：90%
裸麥粉：10%
發酵種（Levain）：170%
麵包酵母（Dry Yeast）：0.4%
麥芽糖漿：0.3%
鹽：2%
水：78 %

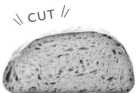

\\ CUT //

柔軟內側的質地較粗，有
不均勻的氣泡。表層外皮
撒的是裸麥粉。

　　巴黎附近自古傳承下來的鄉村（campagne）麵包。因為喜歡這樣樸實的滋味，進而開始在巴黎製作。添加約10%裸麥粉的麵團，以稱為發酵種（Levain）的傳統製作方法，緩慢自然的發酵。有少許的酸味，相較於長棍更能久放。表層外皮確實烘焙出香氣，柔軟內側有大小不一的氣孔，口感潤澤。形狀有圓形、海參狀、長棍狀等各式各樣，尺寸也種類繁多，但最常見的是直徑20～40cm的圓形。也有在最後發酵時，將麵團放入稱為banneton的藤籃內發酵，如此一來，麵團表面就會呈現漂亮的渦卷紋，也能烘焙成大小均勻的形狀。切成片狀烘烤、做成三明治都很適合。

── ⟨DATA⟩ ──

類型：LEAN 類（低糖油成分）	烘焙法：直接烘烤
主要穀物：麵粉	尺寸：長 22× 寬 18.9× 高 12cm
酵母種類：麵包種、麵包酵母	重量：1039g

可以購得照片上麵包的商店：PAUL ⇒ P.186

用傳統製作方法充滿野趣的麵包

發酵種麵包
Pain au levain

配方比例
法國麵包專用粉：80%
裸麥全麥粉：20%
麵包種：24.8%
鹽：1.8%
水：55.7 %

\\ CUT \\

嚼勁十足的表層外皮、搭配口感潤
澤的柔軟內側。因為帶著酸味，特
別適合搭配起司和火腿。

　以自然起種的發酵種來製作，麵團管理
很花時間，因此也被稱爲凝聚麵包師傅功
力的麵包。有著酵母獨有的風味，此外，

利用酵母作用使麵團成爲酸性而不易腐
壞，一週左右都能保持美味。

◁ DATA ▷

類型：LEAN 類（低糖油成分）	烘焙法：直接烘烤
主要穀物：麵粉	尺寸：直徑 21 x 高 8cm
酵母種類：麵包種、液種、葡萄乾種	重量：784g

可以購得照片上麵包的商店：BREAD & TAPAS 沢村 広尾⇒ P.185

高含水量呈現的水潤口感

洛代夫麵包

Pain de Lodève

配方比例
法國麵包專用粉：70%
高筋麵粉：30%
麵包種：30%
麥芽糖漿：0.2%
鹽：2.5%
水：88 %

\\ CUT \\

表層外皮厚且香，留有少數略大的
氣泡，就是完美的成品。

　　誕生於南法洛代夫（Lodève）的麵包。添加了其他類型麵包中不曾見過的大量水分，發酵後不經整型地直接烘烤。表層外皮香脆、柔軟內側 Q 綿潤澤。過去是用稱為 Paillasse 的柳條籃進行發酵，所以在當地也稱為「Pain paillasse」。

⸺ DATA ⸺

類型：LEAN 類（低糖油成分）	烘焙法：直接烘烤
主要穀物：麵粉	尺寸：直徑 29× 高 8cm
酵母種類：液種、葡萄乾種	重量：808g

可以購得照片上麵包的商店：BREAD & TAPAS 沢村 広尾⇒ P.185

因裸麥的比例差異，名稱也各有不同

裸麥麵包

Pain de seigle

配方比例

裸麥粉：100%
麩質：7.5%
鹽：2.2%
新鮮酵母：2.2%
水：80%
發酵種：75%

\\ CUT \\

有著裸麥特有的酸味，適合
搭配海鮮、起司和火腿等。

　　法國的裸麥麵包，會因裸麥的比例而有不同名稱，裸麥比例在 65% 以上的，才能稱為裸麥麵包（Pain de seigle）。相較於

德國的裸麥麵包，最大的特徵是柔軟內側較為膨脹，口感較輕盈。也可以在麵團中添加核桃或無花果。

―――――――――――（ DATA ）―――――――――――

類型：LEAN 類（低糖油成分）	烘焙法：直接烘烤
主要穀物：麵粉、裸麥粉	尺寸：直徑 11.8× 高 8.5cm
酵母種類：麵包酵母（Yeast）	重量：298g

可以購得照片上麵包的商店：VIRON（ヴィロン）⇒ P.178

大量食物纖維的健康選擇

全麥麵包

Pain complet

配方比例

全麥麵粉：70%
法國麵包專用粉：30%
麵包酵母（Dry Yeast）：1%
發酵種：15%
水：70%

有用方形模烘焙、也
有整型成海參形。

\\ CUT \\

以整顆小麥碾磨而成的全麥麵粉
製作的麵包。因為含有麥粒的表皮和
胚芽，富含維生素、礦物質，因此法
語以「完全的麵包」來命名。全麥麵

粉的比例越多，完成的柔軟內側就越
是沈重。切片後烘烤加熱，更是香氣
十足。

DATA

類型：LEAN 類（低糖油成分）	烘焙法：直接烘烤
主要穀物：麵粉（全麥麵粉）	尺寸：長 16× 寬 9.5× 高 7cm
酵母種類：麵包酵母（Yeast）	重量：300g

可以購得照片上麵包的商店：VIRON（ヴィロン）⇒ P.178

加入大量核桃的人氣麵包

核桃麵包

Pain aux noix

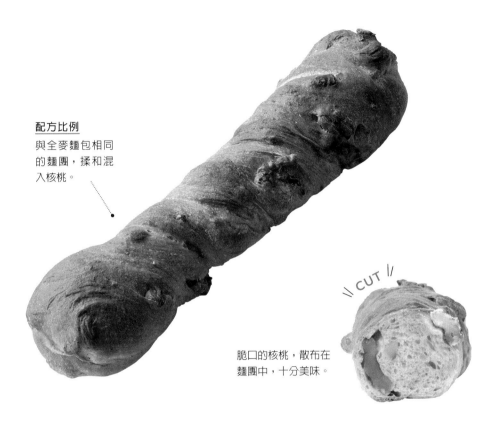

配方比例
與全麥麵包相同
的麵團，揉和混
入核桃。

\\ CUT \\

脆口的核桃，散布在
麵團中，十分美味。

　　混入烘焙過的核桃製作而成的麵包。在
法國各地都有不同配方，從法國麵包類的
單純麵團，到添加全麥粉或裸麥粉、添加

砂糖的軟質麵團等，可以製作出各式各樣
的桃核麵包。除了核桃之外，還可以添加
果乾。

― ◯DATA◯ ―

類型：LEAN 類（低糖油成分）	烘焙法：直接烘烤
主要穀物：麵粉	尺寸：長 19.2× 寬 5.3× 高 3.8cm
酵母種類：麵包酵母（Yeast）	重量：107g

酥鬆、潤澤的質樸風味

洛斯提克
Pain rustique

配方比例

法國麵包專用粉：100%
麵包酵母
（Instant dry yeast）：0.4%
麥芽糖漿：0.2%
鹽：2%
水：72%

\\ CUT //

氣泡大、質地略粗是其特徵。表層外皮烘焙成脆硬狀態，出爐時最為美味。

　　Rustique 的意思是「野趣的」、或是「質樸的」。這款麵包誕生於 1983 年，是由已故法國國立製粉學校教授 Raymond Calvel 所創。利用麵粉、鹽、水、酵母製作的長棍麵團為基底來製作，但增加許多水分用量，使得麵團難以整型。因此，最後發酵時不進行滾圓或整型，直接用刮刀粗略分切發酵的麵團，直接放入烘焙。將麵團氧化的機會減至最小限度，因此柔軟內側略呈黃色、帶著水分的 Q 軟質地，越是咀嚼越能吃出小麥的美味。一般作為餐食麵包，與料理或湯品一起享用。水潤的柔軟內側，特別適合搭配膏狀或凍狀等滋味濃郁的料理。

DATA

類型：LEAN 類（低糖油成分）	烘焙法：直接烘烤
主要穀物：麵粉	尺寸：長 10.5× 寬 9× 高 6cm
酵母種類：麵包酵母（Yeast）	重量：93g

可以購得照片上麵包的商店：BOULANGERIE LA SAISON ⇒ P.184

可以仔細品味表層外皮的嚼感

普羅旺斯烤餅

Fougasse

配方比例

高筋麵粉：70%
低筋麵粉：30%
麵包酵母（Instant dry yeast）：1.6%
砂糖：2.3%
鹽：1.6%
橄欖油：5%
水：60%

逐次撕下小塊，仔細咀嚼後就能
品嚐出粉類的香氣及美味。照片
中麵團添加了橄欖。

　　Fougasse 在拉丁語是「灰烤麵包」的意思。是南法普羅旺斯代代相傳的麵包，據說起源於古羅馬時代，在爐邊烘烤的扁平麵包。在日本經常看到的是葉片形狀的成品。長棍麵團先擀壓成扁平狀，在整體麵皮上各處劃切、並刺出孔洞，作成葉片形。也有瘦長四角形等各式形狀的 Fougasse，但無論什麼形狀，共通點都是扁平、柔軟內側極少，與其說是餐食麵包，不如說是具有嚼勁的零嘴，建議每次少量咀嚼品嚐。原味的麵團之外，也可混入橄欖或香草、核桃等製作。因略有鹹度，也很適合搭配啤酒或葡萄酒享用。

〔 DATA 〕

類型：LEAN 類（低糖油成分）

主要穀物：麵粉

酵母種類：麵包酵母（Yeast）

烘焙法：烤盤烘焙

尺寸：長 26.5× 寬 22× 高 2.5cm

重量：231g

可以購得照片上麵包的商店：VIRON（ヴィロン）⇒ P.178

能嚐到細緻柔軟內側的吐司

吐司

Pain de Mie

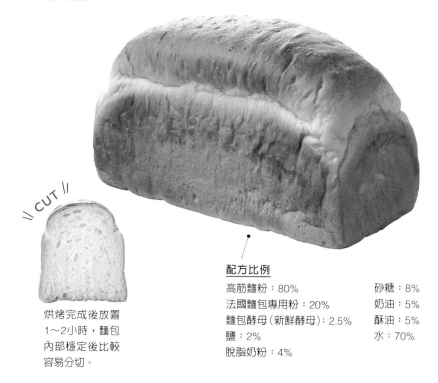

\\ CUT \\

烘烤完成後放置
1～2小時，麵包
內部穩定後比較
容易分切。

配方比例

高筋麵粉：80%　　　　　　砂糖：8%

法國麵包專用粉：20%　　　奶油：5%

麵包酵母（新鮮酵母）：2.5%　酥油：5%

鹽：2%　　　　　　　　　　水：70%

脫脂奶粉：4%

　　Pain de Mie 的「Mie」，就 是 指 中間。相對於享受表層外皮硬脆的長棍，這款麵包就是想要享用鬆綿柔軟內側時的最佳選擇。雖然是 1900 年代由英國傳入的製作方法，但相較於英式吐司，砂糖和油脂較多，隱約中的甜味是這款麵包的特徵。為使柔軟內側有潤澤口感，使用混合的法國麵包專用粉和高筋麵粉。烘焙完成的形狀會因店家而有所不同，有帶蓋方形吐司模，也有不使用蓋子的山形吐司，剛完成烘焙出爐時不容易分切。可以直接享用，略略回烤也十分美味。在法國，大多會切成薄片後夾入火腿、起司，抹上貝夏美醬（Sauce béchamel），製作成「Croque Monsieur 庫克先生」。

────────── DATA ──────────

類型：RICH 類（高糖油成分）	烘焙法：模型烘焙
主要穀物：麵粉	尺寸：長 18.5× 寬 8× 高 11cm
酵母種類：麵包酵母（Yeast）	重量：282g

義大利的麵包

活用地方特色的
個性化麵包

　　一提到義大利，印象就是 Pasta，但其實義大利的麵包，也是種類豐富經常食用。南北狹長的地形，飲食文化結合各地方收成的農作物，從古羅馬時代開始，就製作各式各樣的麵包。

　　義大利麵包整體的特徵是鹽分少，因此單單食用麵包或許會有少了點什麼的感覺。

　　也許因為義大利料理的調味較為濃重，餐食麵包則以清淡為主吧。家庭或休閒餐廳，也經常會用麵包蘸取盤中殘留的醬汁。如同義大利三明治「帕尼尼 Panini」，用麵包夾著食材也很受歡迎。

　　最簡單也最經典的享用方法，就是用麵包蘸橄欖油，或許也正是義大利獨特的品嚐方式。其中也有像佛卡夏般，在麵團中加進橄欖油添香，麵包也是義大利料理的一部分。

義大利

橄欖油風味的傳統扁平麵包

佛卡夏

Focaccia

配方比例
中筋麵粉：80%
杜蘭粗粒小麥粉（Durum Semolino）：20%
麵包酵母（Dry Yeast）：1%
橄欖油：5.3%
鹽：2%
水：60%

\\ CUT \\

略厚的表層外皮，香且具嚼勁。Q彈的柔軟內側，有著細小的氣泡。

　Focaccia 是「用火烘烤之物」的意思，也是古羅馬時代流傳至今的義大利傳統麵包。麵團中添加橄欖油而形成香氣與風味，特徵是略為鬆軟的口感。烘焙前用橄欖油刷塗麵團表面，用手指按壓出凹洞後烘焙成扁平狀。雖說發源地是北部的熱內亞，但因歷史悠久，義大利各地都有不同種類的佛卡夏。經典款是使用橄欖油、迷迭香、岩鹽、乾燥番茄等配料製成。也有放砂糖和奶油的「Focaccia dolce 甜佛卡夏」。在日本大多作成小圓形，在義大利是烘焙成大的方形再分切享用，也會分切成細條狀作為小零嘴。

DATA

類型：LEAN 類（低糖油成分）	烘焙法：烤盤烘焙
主要穀物：麵粉	尺寸：長 13.5× 寬 13.5× 高 6cm
酵母種類：麵包酵母（Yeast）	重量：275g

像拖鞋般扁平狀的義大利人氣麵包

巧巴達
Ciabatta

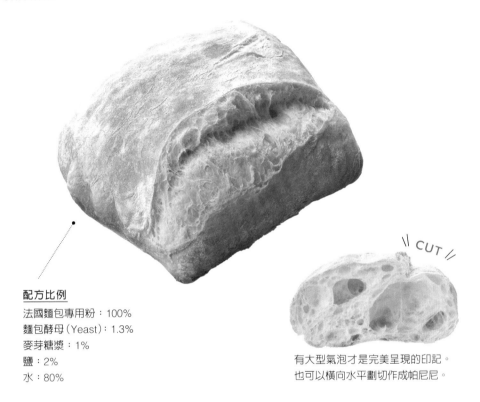

配方比例

法國麵包專用粉：100%
麵包酵母（Yeast）：1.3%
麥芽糖漿：1%
鹽：2%
水：80%

\\ CUT \\

有大型氣泡才是完美呈現的印記。
也可以橫向水平劃切作成帕尼尼。

　　誕生於北方的 Polesine，義大利全國各地都對巧巴達青睞有加。細長扁平形，以義大利文的「拖鞋」來命名。作成手掌尺寸的稱爲「Ciabattini」。過去使用的是彈性較強，義大利麵用的硬質小麥製作，但現在是用與佛卡夏相同的麵粉製作。是一款水分較多的麵團，充分揉和成滑順且能延展後，儘可能不施加壓力，將麵團輕巧的整型後烘焙。麵團確實緩慢地發酵，所以特徵是完成後內側具有大氣泡。在日本有很多使用巧巴達製作的三明治，但在義大利，會蘸加了鹽的橄欖油直接享用。

―――――――――――（ DATA ）―――――――――――

類型：LEAN 類（低糖油成分）	烘焙法：直接烘烤
主要穀物：麵粉	尺寸：長 17× 寬 14.5× 高 9.5cm
酵母種類：麵包酵母（Yeast）	重量：187g

可以購得照片上麵包的商店：Pane & Olio ⇒ P.182

脆餅般長條狀的乾麵包

麵包棒

Grissini

配方比例

法國麵包專用粉：100%
麵包酵母（新鮮酵母：3%
橄欖油：12%
奶油：10%
鹽：2%
水：52%

CUT

因水分較少，連內側都硬脆。扳折成小段就是最優雅的享用方法。

十七世紀，起源於西北部皮埃蒙特地區－杜林的知名麵包。有一說是統治該地區的皇家廚師，為了病弱的孩童所想出的食物療法，就是易於消化的麵包棒。之後拿破崙稱呼這款麵包為「小杜林棒」，並從杜林採買食用。烘焙後的麵包再使其乾燥至幾乎沒有水分，像餅乾般硬脆，可以長時間保存。現在工廠生產增加，一般會做成25cm左右；但另一方面，個性化的手工製作也仍留存。短則16cm、長則可至75cm。在義大利餐廳，習慣上會最先將麵包棒送上餐桌。具有鹹味，也可作為餐前的小點。

DATA

類型：LEAN 類（低糖油成分）	烘焙法：直接烘烤
主要穀物：麵粉	尺寸：長 49× 寬 1.5× 高 1.3cm
酵母種類：麵包酵母（Yeast）	重量：14g

可以購得照片上麵包的商店：Pane & Olio ⇒ P.182

硬質系列麵團製作成玫瑰狀的餐包

玫瑰麵包

Rosetta

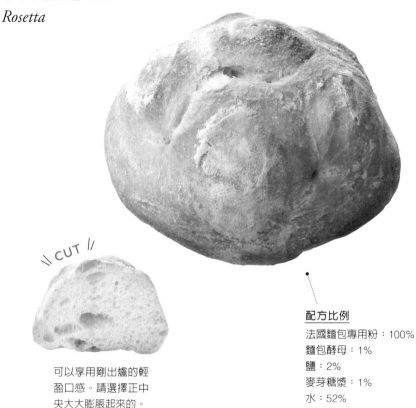

\\ CUT //

可以享用剛出爐的輕
盈口感。請選擇正中
央大大膨脹起來的。

配方比例
法國麵包專用粉：100%
麵包酵母：1%
鹽：2%
麥芽糖漿：1%
水：52%

　　在羅馬家庭，是早餐或午餐經常出現的
麵包。在米蘭、威尼斯稱為「Michetta」，
是義大利在奧地利統治時期，由北部倫巴
底地區開始製作。因此與奧地利的凱撒麵
包（P.116）很相似，用壓模按壓整型成玫
瑰形狀，因此用義大利文的玫瑰「Rosetta」
來命名。使用切斷產生黏性的麵筋組織

的製作方法，因此揉和完成的麵團充分發
酵，放進噴撒蒸氣的烤箱內烘烤，使麵包
內側產生孔洞，形成酥脆的表層外皮。蘸
取橄欖油享用是常見的吃法，也可以橫向
切開後夾入肉類料理或沙拉，像帕尼尼般
享用。

―――――――――（ DATA ）―――――――――

類型：LEAN 類（低糖油成分）	烘焙法：直接烘烤
主要穀物：麵粉	尺寸：長 9.8× 寬 9.5× 高 7.9cm
酵母種類：麵包酵母（Yeast）	重量：76g

可以購得照片上麵包的商店：Pane & Olio ⇒ P.182

王后最愛的拿波里披薩就是最高美味

瑪格麗特披薩

Pizza Margherita

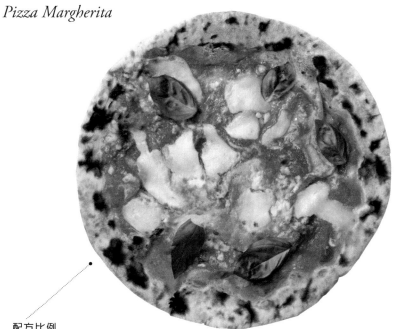

配方比例

法國麵包專用粉：80%
全麥麵粉：20%
麵包酵母（新鮮酵母）：1.4%
鹽：1.4%

橄欖油：5%
發酵種：33.4%
水：52%

\\ CUT \\

正中央柔軟，邊緣部分膨脹帶著焦色，就是最美味的成品。

　　披薩的原型，是在佛卡夏（P.62）表面擺放上食材。十七世紀，首先登場的是在麵包上擺放番茄的披薩。之後瑪格麗特（Margherita）王后，喜愛象徵義大利國旗的羅勒、番茄、莫札瑞拉起司的組合，因此以王后之名來命名。

──(DATA)──

類型：LEAN 類（低糖油成分）	烘焙法：直接烘烤
主要穀物：麵粉	尺寸：直徑 28× 高 1.2cm
酵母種類：麵包酵母（Yeast）	重量：312g

可以購得照片上麵包的商店：Prologue plaisir（プロローグ プレジール）⇒ P.186

起源於托斯卡尼，不加鹽的麵包

托斯卡尼麵包
Pane Toscano

配方比例

高筋麵粉：100%

啤酒酵母：5%

水：60%

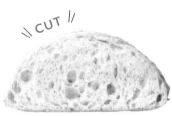

\\ CUT \\

因為完全沒有添加鹽和油脂，因此可以強烈感受到小麥的香氣。

　　源自義大利中央，托斯卡尼的麵包。因為要搭配鹹味較重的托斯卡尼料理享用，因此不添加鹽，僅簡單地以粉類、酵母和水來製作麵團。也會用在以剩餘的蔬菜和硬麵包製作，托斯卡尼著名的湯品「Ribollita 托斯卡尼麵包湯」之中。

DATA

類型：LEAN 類（低糖油成分）	烘焙法：直接烘烤
主要穀物：麵粉	尺寸：長 17× 寬 15× 高 6cm
酵母種類：啤酒酵母等	重量：349g

可以購得照片上麵包的商店：BOULANGERIE BURDIGALA ⇒ P.184

※BOULANGERIE BURDIGALA有加鹽烘焙。

口感滑順的耶誕發酵糕點

潘娜朵妮

Panettone

配方比例

高筋麵粉：100%
潘娜朵妮種：30%
砂糖：30%
鹽：0.8%
奶油：60%
蛋黃：35%
水：32%
蘇丹娜葡萄乾：50%
糖漬橙皮：30%
糖漬檸檬皮：10%

\\ CUT //

用刀子連同紙模一起縱向分切，就能方便享用地切開。

　　加入糖漬水果的甜點類麵包。潘娜朵妮種是在傳統製作的酵母中，添加了雞蛋、奶油、砂糖等配方的麵團使其發酵，就能呈現出獨特的滋味及香氣。原本是發源於米蘭的耶誕節慶糕點，在義大利會將喜歡的店家所製作的潘娜朵妮，贈送給親朋好友的習慣。最近也作為早餐和點心，幾乎一整年都看得到。高高的圓筒狀最為人所熟悉，也有像瑪芬般小型的「Panettoncino」等變化款。名稱的由來眾說紛紜，但最有名的說法是來自「Toni 的麵包」。據說在米蘭有個年輕人，愛上貧窮糕餅店主 Toni 的女兒，而想出這款麵包在 Toni 的店內販售，使麵包坊生意興隆，青年也因此與店主女兒結婚。

―――――――――――（ DATA ）―――――――――――

類型：RICH 類（高糖油成分）	烘焙法：模型烘焙
主要穀物：麵粉	尺寸：直徑 12.5× 高 15cm
酵母種類：潘娜朵妮種	重量：510g

可以購得照片上麵包的商店：Pane & Olio ⇒ P.182

有著金黃色柔軟內側，漂亮的耶誕發酵糕點

黃金麵包
Pandoro

配方比例
法國麵包專用粉：100%
潘娜朵妮種：20%
麵包酵母：0.6%
砂糖：35%
鹽：0.9%
蜂蜜：4%
奶油：33%
可可脂：2%
全蛋：60g
蛋黃：5%
牛奶：12%

\\\\ CUT \\\\

用刀子縱向切
分，也可以篩上
大量糖粉享用。

　　傳統的耶誕發酵糕點。誕生於十八世紀左右，有一說是由維洛納（Verona）傳承已久的星形糕點變化而來。在平民們享用黑麵包的時代，只有貴族們才能享用的黃金色麵包，就被稱為「黃金麵包 Pane de oro」。不添加水果乾，使用大量雞蛋和奶油的柔軟內側，就像海綿蛋糕般柔軟、潤澤。烘焙時使用星形模，除了看起來美觀之外，因有皺摺所以即使是大尺寸也能均勻受熱，是最大的優點。此外，依店家不同，有些也會製作直徑約 9cm 的小型「Pandorino」。最近雖然工廠生產的較為增加，但使用傳統麵包酵母的黃金麵包，不但麵團不易老化變硬，也能保存較長時日。

─────────◖DATA◗─────────

類型：RICH 類（高糖油成分）

主要穀物：麵粉

酵母種類：潘娜朵妮種

可以購得照片上麵包的商店：麵包酵母 Si-Ba ⇒ P.182

烘焙法：模型烘焙

尺寸：直徑 13.8× 高 16cm

重量：485g

德國的麵包

變化豐富的
裸麥麵包是主流

　　德國是麵包王國眾所周知，每種麵包的全年消費量也是歐洲最高。主要食用的麵包種類約有 200 種，若連同小型麵包一起計算，約有近 1200 種。雖然以紮實的裸麥麵包最有名，但實際上麵粉和裸麥粉混合的麵包也很多，酸味的程度與風味，也有相當多的變化組合。

　　這也和地區性有關，寒冷的北部，喜歡能搭配味道濃重的料理、酸味較強的麵包。南部則因小麥栽植興盛，製作的大多是以麵粉為主的麵包。

　　德國裸麥麵包不可或缺的，就是酸種。它是以裸麥粉發酵的麵團，與麵包酵母併用。藉由使酸種與麵包麵團結合，為德國的裸麥麵包增添了獨特的風味及香氣。在當地，有很多麵包坊使用代代相傳，添加裸麥粉延續的酸種來製作麵包，可說是決定店家麵包風味的關鍵要素。

　　德國裸麥麵包，依麵團使用的粉類比例不同，名稱也各不相同。最受歡迎的是

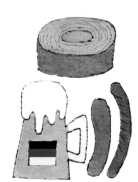

麵粉和裸麥粉等量混合的「Mischbrot」。Misch 的意思是「混合」、brot 則是「麵包」。因此裸麥麵包中麵粉比例較多的就是「Weizenmischbrot」；反之，裸麥粉比例較高時，就稱為「Roggenmischbrot」。只要記住這個原則，就成為瞭解麵包使用何種粉類的線索了。

以麵粉為主，鬆軟的裸麥麵包

小麥裸麥混合麵包

Weizenmischbrot

配方比例

法國麵包專用粉：70%

全裸麥粉：21%

乾燥酸種：9%

麵包酵母（Instant dry yeast）：0.5%

鹽：2%

水：66%

具有彈力的柔軟內側。一旦加熱，就能釋放出裸麥香氣。

CUT

　　種類豐富的德國裸麥麵包中，Weizenmischbrot 的麵粉比例較高，抑制了酸味及香氣。無論什麼料理都能搭配，是裸麥麵包入門者很容易接受的種類。Weizen 是「小麥」、Misch 是「混合」，以小麥為主體，混入裸麥粉 10 ～ 40% 的比例製作而成。柔軟內側的體積膨脹且具彈性、潤澤。最常見是大的海參形，大多會劃入幾道割紋。麵粉的比例越多，顏色越白，也越能夠形成膨脹的柔軟內側。若想要品嚐麵包原本的風味時，建議可以切成薄片後略略烘烤，塗抹上奶油或果醬。此外，也能靈活運用作出嚼感十足的三明治、或是擺放抹醬（Rillettes）、鰻魚等味道濃郁的食材後享用。

DATA

類型：LEAN 類（低糖油成分）	烘焙法：直接烘烤
主要穀物：麵粉、裸麥粉	尺寸：長 29× 寬 13.5× 高 8cm
酵母種類：酸種、麵包酵母	重量：457g

可以購得照片上麵包的商店：German Bakery Tanne ⇒ P.181

亞洲

非洲・中東

北美・南美

麵粉和裸麥粉相同比例的麵包

混合麵包

Mischbrot

配方比例

法國麵包專用粉：50%

裸麥粉：30%

裸麥粉酸種：37%

（內含裸麥粉：20%）

新鮮酵母：1.8%

鹽：2%

水：52%

\\ CUT //

適合搭配味道濃郁的
料理，德國常在午餐
或晚餐時享用。

　　Mischbrot 意思就是「混合的麵包」。麵粉和裸麥粉等量比例製作成的大型餐食麵包，大多是海參狀或是圓形。割紋會有斜向劃入、橫向數條、或是不劃切割紋⋯等。雖然能紮實地品嚐出裸麥的風味，但因為也含有半量的麵粉，因此可以說酸味較為圓融柔和。綿密緊實的柔軟內側有著恰到好處的 Q 彈，享用起來也偏向潤澤的口感。作為每日餐食麵包，建議可以簡單地塗抹奶油享用，或是夾入火腿、起司作為三明治。裸麥的濃郁與香氣很搭配酒類，在當地也經常可見喝著啤酒或葡萄酒，將麵包作為下酒小菜般享用。

〔 DATA 〕

類型：LEAN 類（低糖油成分）	烘焙法：直接烘烤
主要穀物：麵粉、裸麥粉	尺寸：直徑 15× 高 5.3cm
酵母種類：酸種、麵包酵母	重量：409g

可以購得照片上麵包的商店：Hofbäckerei Edegger-Tax ⇒ P.186

裸麥粉比例 6～9 成時，特徵是沈甸甸的柔軟內側

重裸麥麵包
Roggenmischbrot

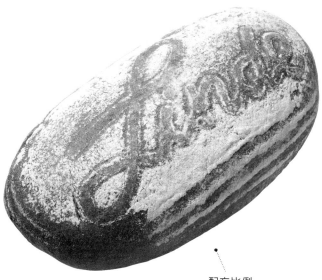

\\ CUT \\

裸麥比例越多，越
要切成薄片。即使
是5～10mm左右，
嚼感也十足。

配方比例
法國麵包專用粉：35%
裸麥粉：40%
酸種：45%（內含裸麥粉：25%）
麵包酵母（新鮮酵母）：1.7%
鹽：1.7%
水：48～50%

　　麵粉和裸麥粉混合稱為 Miscbrot 的麵包，若裸麥粉比例較多，會在名稱前面冠以裸麥意思的單字「Roggen」。在寒冷的德國北部，因小麥難以栽植，因此自古以來，都是製作像這樣以裸麥為主體的麵包。現在已是德國全境都熟悉的種類了。裸麥的比例越高，做出的麵包顏色越黑、酸味越強。雖說如此，相較於 100% 裸麥粉的麵包，風味還是沒那麼濃。美味的享用方法，推薦可以搭配不亞於濃郁酸味的食材，像是夾入烤牛肉和西洋菜作成三明治等。此外，略烤熱後塗抹大量奶油或蜂蜜享用，能確切地嚐到裸麥的風味。

⸺⸺⸺(DATA)⸺⸺⸺

類型：LEAN 類（低糖油成分）

主要穀物：麵粉、裸麥粉

酵母種類：酸種、麵包酵母

烘焙法：直接烘烤

尺寸：長 21× 寬 11× 高 6.5cm

重量：450g

可以購得照片上麵包的商店：Linde ⇒ P.188

就是它！幾乎全部使用裸麥粉製作

裸麥麵包

Roggenbrot

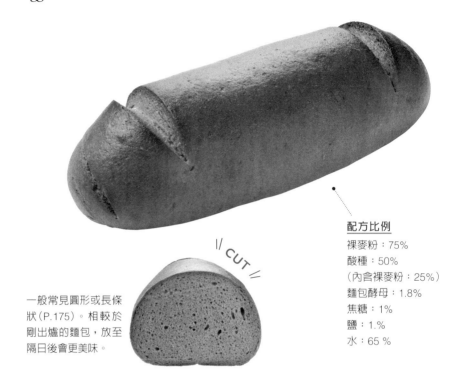

一般常見圓形或長條狀（P.175）。相較於剛出爐的麵包，放至隔日後會更美味。

配方比例

裸麥粉：75%
酸種：50%
（內含裸麥粉：25%）
麵包酵母：1.8%
焦糖：1%
鹽：1.%
水：65 %

誕生於寒冷北部地區，是德國代表性的麵包之一。在德文中正如「裸麥麵包」之名，以 100% 的裸麥製作，因麵包坊不同，也會有略添加麵粉但仍稱為 Roggenbrot 的種類。如同照片中的厚重柔軟內側，確實是緊實略硬的口感。而且具黏性、沈甸紮實。最明顯的風味，就是酸種特有的濃重酸味。相較於混入麵粉的 Miscbrot，更能直接感受到裸麥的滋味。雖然是風味特殊的麵包，但切成 4 ～ 5mm 的薄片，還是很容易享用。夾入火腿或起司的三明治等，就是美味品嚐裸麥麵包的方法。在當地，大多會佐以葡萄酒、起司或滋味濃重的肉類料理等。

(DATA)

類型：LEAN 類（低糖油成分）	烘焙法：直接烘烤
主要穀物：裸麥粉	尺寸：長 22× 寬 5× 高 6cm
酵母種類：酸種、麵包酵母	重量：420g

可以購得照片上麵包的商店：Linde ⇒ P.188

全穀粉麵包

Vollkornbrot

配方比例
粗碾裸麥粉：27.3%
酸種：82.2%
浸漬處理過粗碾裸麥：63.2%）
麵包酵母（新鮮酵母）：1.8%
鹽：2%
葵花籽：5.5%
水：9.4%

\\ CUT //

因為麵包內側質地非常緊實，所以要切成略薄的片。烤焙後翌日至一週，是最佳享用期。

全麥麵粉配方比例佔90%以上的麵包。全裸麥粉為主時，稱為 Roggenvollkornbrot，以全麥麵粉為主時，稱為 Weizenvollkornbrot。很近似的麵包還有 Roggenschrotbrot（P.77）、Pumpernickel（P.76）等。無論哪一種，都是使用整顆穀物碾磨的全穀物粉製作。Vollkorn 的

Voll 是「全體」、Korn 是「穀物」，所以 Vollkornbrot，意思就是「可以嚐出整顆穀物風味的麵包」。也有在麵團中加入麥粒、調合小米、燕麥等雜糧穀物等，食物纖維、維生素、礦物質豐富，在德國相當受到喜愛。略烤熱後，更能烘托出全穀粉粒狀的口感和香氣。

──────────(DATA)──────────

類型：LEAN 類（低糖油成分）　　　　烘焙法：模型烘焙

主要穀物：麵粉、裸麥粉　　　　　　尺寸：長 36.3× 寬 9.5× 高 7cm

酵母種類：酸種、麵包酵母　　　　　重量：1816g

可以購得照片上麵包的商店：紀之國屋⇒ P.179

具厚重感，被稱爲「磚瓦麵包」

黑裸麥麵包

Pumpernickel

烘焙完成後的翌日
起都很美味，也能切
成片狀後冷凍保存。

配方比例

粗碾裸麥粉：34%
粗碾裸麥粉酸種：45%
（內含粗碾裸麥粉：33%）
熱水浸漬處理過的
裸麥粗碾粉麵團：66%
（內含粗碾裸麥粉：33%）

麵包酵母：1.5%
鹽：1.5%
焦糖：0.8%
水：66%
（內含酸種和熱水處理麵團的 45%）

使用全裸麥粉 Roggenschrotbrot（P.77）的一種。起源於北部威斯伐倫（Westfalen），現在已是德國全境都享用的麵包了。在眾多裸麥麵包中，使用十分罕見，至少 4 小時、最長 20 小時蒸烤的製作方法。藉由長時間的低溫加熱，釋放出獨特的黑褐色和焦糖般的香甜。烘焙完成的柔軟內側潤澤

且 Q 彈，刀子劃入時會有軟黏感。裸麥粉 100%，但酸味卻很柔和，完全呈現出穀物的風味。因爲是較有重量的麵包，所以切成極薄的片狀，約 5mm 左右就是最大的重點。簡單地擺上奶油、火腿、起司，或是與濃郁的燉菜一起享用，喉韻也很清爽。

⊂ DATA ⊃

類型：LEAN 類（低糖油成分）

主要穀物：裸麥粉

酵母種類：酸種、麵包酵母

烘焙法：模型烘焙

尺寸：長 30.5× 寬 6.8× 高 7.5cm

重量：1199g

可以購得照片上麵包的商店：紀之國屋⇒ P.179

可以直接嚐出裸麥的美味

粗磨裸麥麵包

Roggenschrotbrot

配方比例

細碾裸麥粉：15%
粗碾裸麥粉：60%
酸種：50%（內含中碾裸麥粉：25%）
麵包酵母（新鮮酵母）：1.8%
鹽：2%
水：65%

\\ CUT \\

樸實又馨香的風味，
很推薦搭配油膩肉類
料理的餐食麵包。

　　所謂的 Schrot 指的就是粗穀物。以未除去胚芽的全裸麥粉為主體的麵包，富含食物纖維具有高營養價值。粒狀口感，即使少量也很有嚼勁，在德國因健康考量而享用的人很多，也有在麵團中添加葵瓜子或雜糧的成品。

〔 DATA 〕

類型：LEAN 類（低糖油成分）	烘焙法：模型烘焙
主要穀物：麵粉、裸麥粉	尺寸：長 19× 寬 8.5× 高 7.5cm
酵母種類：酸種、麵包酵母	重量：484g

可以購得照片上麵包的商店：German Bakery Tanne ⇒ P.181

裸麥片口感更容易享用

裸麥片麵包

Flockenbrot

配方比例

裸麥粉：30%

細碾裸麥粉：10%

法國麵包專用粉：40%

酸種：40%（內含中碾裸麥粉：20%）

裸麥片：50%

麵包酵母（新鮮酵母）：1.8%

鹽：2%

水：62%

\\ CUT //

烘焙完成的隔天至一週，是最佳享用期。即使放置後麵包內側也仍能保持潤澤。

　　裸麥麵包的表面，撒上了裸麥片烘焙而成的麵包，也有將裸麥片混拌至麵團中烘烤的種類。水分多，沈甸甸的麵包內側多了麥粒的香氣，口感比視覺上輕盈。表層外皮確實烘烤，十分有嚼感。

⟨ DATA ⟩

類型：LEAN 類（低糖油成分）	烘焙法：模型烘焙
主要穀物：裸麥粉、裸麥片	尺寸：長 16.5× 寬 8× 高 6cm
酵母種類：酸種、麵包酵母	重量：632g

可以購得照片上麵包的商店：Hofbäckerei Edegger-Tax ⇒ P.186

有著裂紋的表層外皮就是美味的見證

柏林鄉村麵包

Berliner Landbrot

配方比例

裸麥酸種：76%　　　麵包酵母：2%
（內含裸麥粉：40%）　鹽：2%
裸麥粉：40%　　　　水：34%
麵粉：20%

\| CUT //

剛烘焙出爐時易碎，因此要等到
完全冷卻，麵包穩定後再切片。

　　德國裸麥麵包的代表「柏林風格的鄉村麵包」。最後發酵使表面乾燥而呈現出裂紋，像是漂亮的木紋一般。麵團中裸麥的比例約 70～80%，可以吃出強烈的酸味。以柏林為主的德國北部，為了抵禦嚴寒，多是高油脂料理，因此像這樣酸味較強的麵包才是主流。建議可以切成薄片佐燉煮料理，或是塗抹肉醬、擺放火腿作成開面三明治。口味濃重的料理結合麵包的酸味更添濃郁，品嚐出更有層次的滋味。也可以搭配奶油、起司等乳製品，讓酸味更加柔和。麵包內側紮實 Q 彈，但不太黏，入口擴散出樸實風味。

───（ DATA ）───

類型：LEAN 類（低糖油成分）

主要穀物：麵粉、裸麥粉

酵母種類：酸種、麵包酵母

烘焙法：直接烘烤

尺寸：長 20× 寬 15× 高 6.5cm

重量：699g

可以購得照片上麵包的商店：Zopf ⇒ P.181

名爲「瑞士麵包」的德國麵包

瑞士麵包

Schweizer Brot

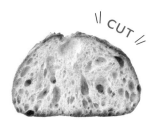

\\ CUT \\

用簡單的材料，製作風味絕佳
的麵包。隱約感覺得出酸味。

配方比例

法國麵包專用粉：60%
裸麥粉：15%
發酵種：40%
（內含法國麵包專用粉：25%）
麵包酵母（Dry Yeast）：0.6%
麥芽糖漿：0.3%
鹽：1.5%
脫脂奶粉：2%
水：50%

　Schweizer 是「瑞士」，Brot 是「麵包」，意思是「瑞士風格的麵包」。混入了裸麥的小麥麵包，在德國相當受到歡迎。相較於同樣是小麥麵包的 Weissbrot 白麵包，因爲添加了裸麥粉，嚼感更好也更有濃郁感。

───〈 DATA 〉───

類型：LEAN 類（低糖油成分）	烘焙法：直接烘烤
主要穀物：麵粉、裸麥粉	尺寸：長 17× 寬 9.5× 高 6cm
酵母種類：麵包酵母（Yeast）	重量：160g

可以購得照片上麵包的商店：Backerei Naramoto ⇒ P.186

略帶黏性、滋味豐富的小麥麵包

白麵包
Weissbrot

配方比例
法國麵包專用粉：100%
麵包酵母（Dry Yeast）：1%
蔗砂糖：3%
奶油：3%
鹽：2%
水：60%

CUT

確實烘焙至呈現烤色，表層外皮的口感會更好。

　　傳統的小麥麵包。誕生於氣候穩定、適合栽植小麥的南部地方，現在也是德國全境都熟知，且慣常享用的麵包。特徵是表層外皮的香味和內側的輕盈Q彈，也有表面撒了罌粟籽或芝麻；有海參狀、圓形等各式不同大小和形狀。

Column

麵包的名稱

Boulangerie 是法語、Backerei 是德語，都是「麵包坊」的意思。在日本也常見，同時也表現出該店家的專門領域。

〔DATA〕

類型：LEAN 類（低糖油成分）

主要穀物：麵粉

酵母種類：麵包酵母（Yeast）

烘焙法：直接烘烤

尺寸：長 33× 寬 13× 高 10.5cm

重量：467g

可以購得照片上麵包的商店：German Bakery Tanne ⇒ P.181

鹹味明顯適合作爲零食小點的麵包

布雷結

Brezel

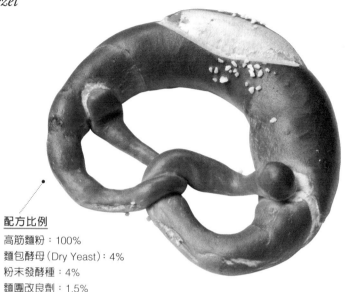

配方比例

高筋麵粉：100%
麵包酵母（Dry Yeast）：4%
粉末發酵種：4%
麵團改良劑：1.5%
鹽：2%
脫脂奶粉：5%
玉米澱粉：5%
乳瑪琳：10%
水：55 %

\\ CUT //

蘸在表面的岩鹽，可以輕易拍落，調節鹹度享用。

　　Brezel 在拉丁語中是「手腕」的意思。這個名稱是由中世的歐洲僧侶，修道製作名爲「Bracellus」的麵包而來的，獨特的形狀，被認爲是手腕交錯祈禱之姿。十一～十二世紀歐洲的 Guild（同業組織），以布雷結作爲德國麵包坊的圖案。之後，更被視爲麵包坊的象徵標誌。食譜配方根據各地而有所不同，最有名的如同照片上的 Laugenbrezel，將細繩狀的麵團編織般整型，浸泡稱爲 Laugen 的鹹性液體後烘焙，成爲具光澤的美麗褐色。粗的部分口感 Q 彈，細的部分香脆可口。很適合佐酒，在德國啤酒屋也有布雷結的販售人員。

───（ DATA ）───

類型：LEAN 類（低糖油成分）	烘焙法：烤盤烘焙
主要穀物：麵粉	尺寸：長 14× 寬 10× 高 3cm
酵母種類：麵包酵母（Yeast）	重量：50g

可以購得照片上麵包的商店：Linde ⇒ P.188

包裹著新鮮起司的發酵糕點

德式酥皮麵包
Quarkplunder

\\ CUT \\

將薄膜狀的奶油層層疊入製作而
成的麵團，咀嚼的口感也很輕盈。

配方比例

法國麵包專用粉：100%
麵包酵母（Yeast）：5%
砂糖：11%
鹽：1.5%
奶油：12.5%
水：52%
折疊用奶油：50 ～ 100%

　　奶油折疊麵團包覆德國新鮮起司
「Quark」製作而成的麵包。在日本奶油和
麵團層疊的麵包一般稱為 Danish pastry，
但在德國稱之為「Plunder」。外側派皮般
酥脆，內側是奶油滋潤的口感。

（DATA）

類型：RICH 類（高糖油成分）		烘焙法：烤盤烘焙
主要穀物：麵粉		尺寸：長 9× 寬 9× 高 6cm
酵母種類：麵包酵母（Yeast）		重量：119g

可以購得照片上麵包的商店：Hofbäckerei Edegger-Tax ⇒ P.186

添加在德國常見的黑罌粟籽醬

罌粟籽酥皮麵包

Mohnplunder

\\ CUT //

眾所皆知罌粟籽富含維生素、
礦物質、鐵質等營養成分。

配方比例

法國麵包專用粉：100%
麵包酵母（Yeast）：5%
砂糖：11%
鹽：1.5%
奶油：12.5%
水：52%
折疊用奶油：50 ～ 100%

　　在德國，罌粟籽添加砂糖和牛奶煮成罌粟籽醬，感覺像日本紅豆餡般，經常使用在麵包和糕點中。罌粟籽顆粒的口感和濃郁的風味，搭配酥皮爽脆外皮的絕妙口感，令人上癮的美味。

―――――（ DATA ）―――――

類型：RICH 類（高糖油成分）	烘焙法：烤盤烘焙
主要穀物：麵粉	尺寸：長 15.5× 寬 9.7× 高 4.7cm
酵母種類：麵包酵母（Yeast）	重量：74g

可以購得照片上麵包的商店：Hofbäckerei Edegger-Tax ⇒ P.186

罌粟籽蝸牛麵包

Mohnschnecken

\\ CUT //

表面大多會澆淋上糖霜（用砂糖和蛋白製成）。

配方比例

法國麵包專用粉：100%
麵包酵母：5%
砂糖：11%
鹽：1.5%
奶油：12.5%
水：52%
折疊用奶油：50 ～ 100%

Schnecken 是「蝸牛」的意思。配方中添加雞蛋和奶油的折疊麵團，薄薄地擀壓後包捲起來，再各別分切烘焙。罌粟籽蝸牛卷是將黑罌粟籽醬捲入，因此酥脆的麵團中融入了滋潤的甜味。

⟨ DATA ⟩

類型：RICH 類（高糖油成分）	烘焙法：烤盤烘焙
主要穀物：麵粉	尺寸：長 9.5× 寬 7.5× 高 2.5cm
酵母種類：麵包酵母（Yeast）	重量：60g

可以購得照片上麵包的商店：Linde ⇒ P.188

用烤盤完成的質樸甜點類麵包

烤盤蛋糕

Blechkuchen

\\ CUT \\

奶油和水分較多，因此烘焙後膨鬆柔軟。照片上是擺放了大黃（Rhubarb）的成品。

配方比例

法國麵包專用粉：100%
麵包酵母（新鮮酵母）：6.5%
水：33%
砂糖：13.5%
奶粉：6%
全蛋：15%
香草油：0.5%
奶油：20%
鹽：1%
檸檬皮：1 個

　　甜甜的麵團，舖在烤盤（Blech）上烘焙而成的甜點類麵包。與其說是麵包不如說像蛋糕般鬆軟。大多會擺放杏仁奶油餡、蘋果、西洋梨等當季水果。杏仁和奶油的食材組合，在德國最經典常見。

──────(DATA)──────

類型：RICH 類（高糖油成分）	烘焙法：烤盤烘焙
主要穀物：麵粉	尺寸：長 10.5× 寬 3.5× 高 3.5cm
酵母種類：麵包酵母（Yeast）	重量：98g

可可以購得照片上麵包的商店：Hofbäckerei Edegger-Tax ⇒ P.186

柏林果醬麵包

Berliner Pfannkuchen

油炸後，填入莓果醬或
橙皮果醬，再篩上糖粉。

配方比例

法國麵包專用粉：70%　　　　全蛋：15%
中種：55%　　　　　　　　　蛋黃：10%
內含法國麵包專用粉：30%）　脫脂奶粉：5%
砂糖：10%　　　　　　　　　香草油：適量
鹽：1.8%　　　　　　　　　　檸檬油：適量
奶油：5%　　　　　　　　　　水：約10%

　　柏林地方流傳的油炸糕點，據說也是甜
甜圈的原型。過去是麵包師傅爲了慰勞戰
地士兵們，用大鍋油炸麵團而起。Berliner
的發源地是「Berlin 柏林」，Pfann 是「大
鍋」的意思。

〈 DATA 〉

類型：RICH 類（高糖油成分）	烘焙法：油炸
主要穀物：麵粉	尺寸：長 7× 寬 6.5× 高 4cm
酵母種類：麵包酵母（Yeast）	重量：54g

可以購得照片上麵包的商店：Backerei Naramoto ⇒ P.186

散發出酒漬水果香氣的耶誕發酵糕點

史多倫
Stollen

配方比例

◎前置麵團
法國麵包專用粉：14%
麵包酵母（新鮮酵母）：4.5%
牛奶：11.2%

◎正式揉和麵團
法國麵包專用粉：86%
砂糖：9%
鹽：1.1%
奶油：40%
史多倫香料：0.6%
檸檬皮：0.1%
牛奶：36%
蘇丹娜（Sultana）葡萄乾：57%
杏仁細條：25%
糖漬橙皮：15%
糖漬檸檬皮：10%
蘭姆酒：8%

\\ CUT //

完成時會刷塗奶油、裹上砂糖裝飾，因此可以保存二～三週。

　　相對於麵粉，使用了奶油30%、水果乾60%以上的配方比例。在當地會少量逐次切片享用，直到耶誕節到來的傳統糕點，最近在日本也很常見。獨特的外觀，有一說法是基督的搖籃，或是襁褓中基督的形狀。

⊂ DATA ⊃

類型：RICH 類（高糖油成分）	烘焙法：烤盤烘焙
主要穀物：麵粉	尺寸：長 21.5× 寬 9× 高 4cm
酵母種類：麵包酵母（Yeast）	重量：457g

可以購得照片上麵包的商店：Hofbäckerei Edegger-Tax ⇒ P.186

堅果蝸牛麵包

Nussschnecken

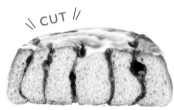

享用前，用烤箱略微復熱
至糖霜接近完全融化，稍
稍回烤也很美味。

　　Nuss 是「堅果」、Schnecken 是「蝸牛」
的意思。在德國有著豐富多樣、大家熟
悉的蝸牛麵包。Nussschnecken 是在擀至
平坦的麵皮上，刷塗核桃或榛果醬再包捲
起來，切開剖面如渦卷般後烘焙而成。堅
果醬與罌粟籽醬一樣，在德國是很熟悉常
見的內餡，堅果的苦甜味是最大的特徵。

在德國會用於各種麵包或糕點中。特別是
Nussschnecken，混合了奶油折疊的酥脆
麵團和堅果醬的滑順、碎堅果的口感，非
常美味。依店家而異，也有使用甜點類麵
團來製作。點心或早餐等，會與咖啡一起
享用。

― DATA ―

類型：RICH 類（高糖油成分）	烘焙法：烤盤烘焙
主要穀物：麵粉	尺寸：直徑 10× 高 4cm
酵母種類：麵包酵母（Yeast）	重量：68g

可以購得照片上麵包的商店：German Bakery Tanne ⇒ P.181

日本的麵包

米食文化的感性衍生而來
鬆軟、潤澤的麵包

日本最早正式的製作麵包，是明治時代。相較於歐美，日本享用麵包的歷史仍短，但現在早已接受，以法國、德國爲首，世界各國的麵包，享用麵包已滲入一般生活。其中，由歐美傳入的麵包，在日本也有了獨特的搭配組合，蘊育出許多日本才有的麵包種類。

最具代表性的就是吐司。日本的吐司，與其他國家不同，有著細緻、柔軟的口感。在習慣米食文化的日本，誕生了與米飯相同柔軟潤澤的吐司，也是吐司能如此廣泛推展、深入民心的契機。再者，美國開發出來的「中種法」麵團方便調整，也導入了安定的發酵方法，可以大量生產，進而使大家都能輕易地購買到優質的麵包。

與吐司相同，源自日本的麵包，就是甜點類麵包（菓子麵包）。日本的甜點類麵包，特徵是油脂配方較少。相較於大量使用奶油、雞蛋或乳製品，歐美的維也納式麵包，口感更輕盈也更鬆軟。從明治時期至大正時代，打開日本麵包享用文化大門的，不是主食的吐司，而是紅豆麵包、奶油麵包、果醬麵包等點心用的甜點類麵包。

再者，以橄欖形麵包爲代表的柔軟小型餐包，種類也非常多。隱約的甜味、添加少量油脂，除了主食之外，也是輕食或點心不可或缺。在麵團中添加火腿、玉米、起司等各式食材一起烘烤的調理麵包，在日本也有相當多的組合變化。

日本人喜好的早餐麵包代表

吐司（方形吐司）

食パン（角食パン）

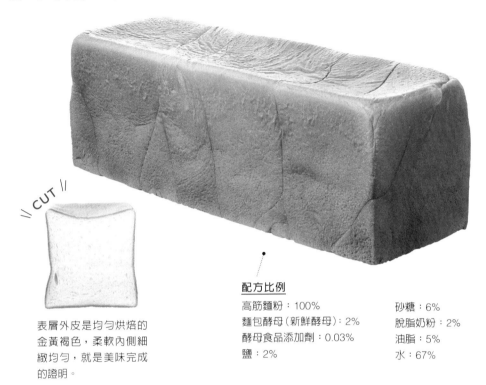

表層外皮是均勻烘焙的金黃褐色，柔軟內側細緻均勻，就是美味完成的證明。

配方比例

高筋麵粉：100%	砂糖：6%
麵包酵母（新鮮酵母）：2%	脫脂奶粉：2%
酵母食品添加劑：0.03%	油脂：5%
鹽：2%	水：67%

　　日本最具代表的餐食麵包，在學校供應的營養午餐中也能吃到。日文稱為食パン，正如其名，可作為主食享用的麵包總稱，在以麵包為主食的其他國家，並沒有與日文食パン相當的詞彙。在日本稱為食パン的，指的就是方形的吐司。會稱為方形吐司，表示麵包的四邊都是直角因而得名，採用帶蓋的吐司模烘焙，成為四方形。相對於此，不使用蓋子烘焙的英式吐司（P.131），上端因膨脹隆起，因而也被稱山形吐司。表層外皮也被稱為麵包邊，並非像長棍般硬脆，而是比柔軟內側略硬的程度。柔軟內側的質地細緻，口感柔軟。略微回烤、或作成三明治，有各式各樣的享用方法。

DATA

類型：LEAN 類（低糖油成分）	烘焙法：模型烘焙
主要穀物：麵粉	尺寸：長 36.8× 寬 12× 高 12.7cm
酵母種類：麵包酵母（Yeast）	重量：1265g（3斤）

日本

明治時代誕生，經典的甜點類麵包

紅豆餡麵包

あんぱん

配方比例

高筋麵粉：100%
麵包酵母（新鮮酵母）：3%
酵母食品添加劑：0.1%
鹽：0.8%
砂糖：25%
脫脂奶粉：3%
油脂：12%
雞蛋：10%
水：50%

\\ CUT //

紅豆餡麵包的變化

有粒狀紅豆或白豆沙餡等各式豐富的變化。

粒狀
紅豆餡

泥狀
紅豆餡

柔軟的麵包體填滿紅豆餡，真是美妙滋味。照片是放了鹽漬櫻花的紅豆餡麵包。

　明治期代初期，出自木村屋（當時的文英堂，現在木村屋總本店）的創業者，木村安兵衛和兒子英三郎之手的麵包。對日本人而言，麵包還不普及的時代，起源是想要做出日本人會喜歡的麵包，因而在麵包中加入了日式食材紅豆餡。紅豆麵包瞬間超受歡迎，進而誕生為了獻給明治天皇而製作，添加鹽漬櫻花的櫻花紅豆麵包。現在販售的紅豆麵包，大部分是用麵包酵母發酵，而當時使用的是以米或麴製作的酒種，木村屋現在也仍販售著酒種紅豆麵包。形狀是半圓形，上面點綴著鹽漬櫻花或罌粟籽。也有填入栗子餡、艾草紅豆餡，或是使用硬質麵包麵團製作等，種類豐富。

◆ DATA ◆

類型：RICH 類（高糖油成分）	烘焙法：烤盤烘焙
主要穀物：麵粉	尺寸：直徑 6.5 × 高 3.7cm
酵母種類：麵包酵母（Yeast）、或酒種	重量：51g

捲起貝殼般的麵包內，填入滿滿的巧克力奶油餡

巧克力奶油卷

チョココロネ

配方比例
與紅豆餡麵包相同。

Cornet 由法語的「Corne 角」、或是英語管樂器「Cornet 短號」而來。細長形的麵團捲成圓錐狀後烘焙，填入大量巧克力奶油餡。除了具代表性的巧克力之外，還有花生奶油餡、卡士達奶油餡、打發的鮮奶油等。

完成烘焙後填入巧克力奶油餡，因此可以滿滿紮實地填入。

DATA	類型：RICH 類（高糖油成分）	烘焙法：烤盤烘焙
	主要穀物：麵粉	尺寸：長 15.5× 寬 6.5× 高 3.7cm
	酵母種類：麵包酵母（Yeast）	重量：85g

✗✗✗

曾經杏桃果醬是主流

果醬麵包

ジャムパン

配方比例
與紅豆餡麵包相同。

與紅豆餡麵包一樣，一直以來都是日本人最為熟知的甜點類麵包。由木村屋總本店第三代的儀四郎，在明治三十三年時構思出來。形狀上為了與半圓形的紅豆餡麵包區隔，做成海參狀。製作當時是填入杏桃果醬，現在經常填入的還有草莓果醬或蘋果醬等。

木村屋總本店，現在仍延用著最初的杏桃果醬。

DATA	類型：RICH 類（高糖油成分）	烘焙法：烤盤烘焙
	主要穀物：麵粉	尺寸：長 11.5× 寬 7× 高 3.7cm
	酵母種類：麵包酵母（Yeast）、或酒種	重量：68g

獨特手套形狀的麵包

卡士達麵包（奶油麵包）

クリームパン

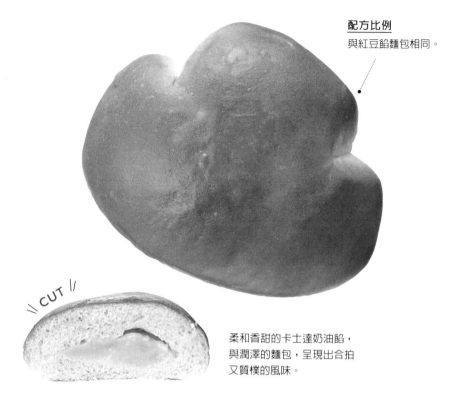

配方比例
與紅豆餡麵包相同。

\\ CUT \\

柔和香甜的卡士達奶油餡，
與潤澤的麵包，呈現出合拍
又質樸的風味。

卡士達麵包的誕生，是在明治三十年。新宿中村屋的創業者－相馬愛藏，有感於奶油泡芙的美味，將紅豆餡麵包中的內餡，用雞蛋、牛奶製作的卡士達餡取代而起。在麵團中填入卡士達餡後烘焙，或是烘焙完成後再填入卡士達餡。也有很多會在橢圓形麵團上半部劃入切紋，烘焙成手套的形狀。這樣獨特的外形，除了防止麵團產生空洞之外，也有一說是當時美國棒球傳入日本蔚為風行，因此製作這樣的形狀。填餡以卡士達餡最受歡迎，也有打發鮮奶油或巧克力餡等。完成烘焙降溫後，就是最佳的享用時刻。

──────（ DATA ）──────

類型：RICH 類（高糖油成分）	烘焙法：烤盤烘焙
主要穀物：麵粉	尺寸：長 10× 寬 8.5× 高 3.5cm
酵母種類：麵包酵母（Yeast）	重量：67g

覆蓋上香酥的脆餅麵團再烘焙

菠蘿麵包 （日文直譯：哈密瓜麵包）
メロンパン

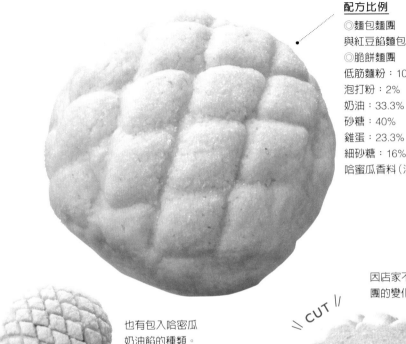

配方比例
◎麵包麵團
與紅豆餡麵包相同。
◎脆餅麵團
低筋麵粉：100%
泡打粉：2%
奶油：33.3%
砂糖：40%
雞蛋：23.3%
細砂糖：16%
哈蜜瓜香料（油）：少許

也有包入哈密瓜
奶油餡的種類。

\\ CUT \\

因店家不同，脆餅麵
團的變化繁多。

　酥脆香甜的脆餅麵團，覆蓋在甜麵包麵團上烘烤。德國也有相同手法的麵包，因此有一說是由此獲得靈感；也有說法是第一次世界大戰時，由返國的麵包師傅們傳入；或是以帝國飯店名為 Galette 的麵包為藍圖製作出來，起源眾說紛紜。連名稱的由來也不甚清楚，有人說是完成時的裂紋與哈密瓜的網狀紋路很相似；或是製作當時脆餅麵團中用了較多的蛋白霜，因此被稱為「Meringue Pain」，由此發音變化而來。形狀除了圓形之外，特別是關西地區常見到的杏仁形。部分地區，覺得與日出的太陽近似而稱它為「Sunrise」。

〈 DATA 〉

類型：RICH 類（高糖油成分）	烘焙法：烤盤烘焙
主要穀物：麵粉	尺寸：直徑 10× 高 3.5cm
酵母種類：麵包酵母（Yeast）	重量：79g

包夾的食材有無限變化組合

橄欖形麵包

コッペパン

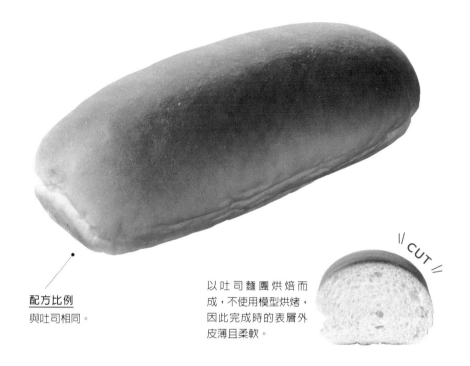

配方比例
與吐司相同。

以吐司麵團烘焙而
成,不使用模型烘烤,
因此完成時的表層外
皮薄且柔軟。

// CUT //

橄欖形麵包的「Coupé」,據說與法國麵包中的「Coupé」形狀近似而命名。是學校營養午餐中常見的橄欖形麵包。原本是像吐司一般大型的麵包,但昭和十年左右,學校爲了供餐給學生,而作出一人份大小的尺寸,之後這種尺寸普及,在供餐時大多也會搭配果醬或乳瑪琳。所謂的調理麵包,就是將調理過的菜餚夾入或擺放在烘焙好的麵包內。橄欖形麵包沒有特殊風味,因此無論是馬鈴薯沙拉或可樂餅,完全不挑地全都能搭配。此外,橄欖形麵包油炸後,裹上砂糖或黃豆粉的炸麵包,一直以來也是學校營養午餐的熱門餐點。

─────(DATA)─────

類型:LEAN 類(低糖油成分)	烘焙法:烤盤烘焙
主要穀物:麵粉	尺寸:長 17× 寬 7× 高 4.7 cm
酵母種類:麵包酵母(Yeast)	重量:78g

使用了橄欖形麵包的人氣調理麵包

炒麵麵包

焼きそばパン

甜鹹醬汁的風味與橄欖形麵包的柔和香甜，組合出不可思議的美味。

配方比例
與吐司相同。

在橄欖形麵包上劃入割紋，夾入日式炒麵的成品。有一說是以前學校營養午餐時，將橄欖形麵包和日式炒麵一起盛盤，學生們夾著炒麵一起享用而展開的新吃法，進而成為使用橄欖形麵包製作的調理麵包中，特別有名的吃法，通常會在上面擺些紅薑絲。

DATA		
類型：LEAN 類（低糖油成分）		烘焙法：烤盤烘焙
主要穀物：麵粉		尺寸：長 15.5× 寬 7.5× 高 6cm
酵母種類：麵包酵母（Yeast）		重量：158g

可以購得照片上麵包的商店：みんなのぱんや⇒ P.187

xxxxxxxxxxxxxxxxxxxxxxxxxxxxxxxxxxxxxxxxxxxxxxxxxxxxxxxxxxxxxxxxxxxxxxxxxxxxxxx

使用奶油卷麵團的調理麵包

火腿卷

ハムロール

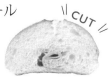

剛烘焙出爐時最美味，火腿的鹹味及淡淡甜香的奶油卷是美味的絕佳組合。

配方比例
與奶油卷
（→ P.153）相同。

日本的麵包，特別是在麵包上擺放、包夾菜餡的調理麵包，變化最為豐富。其中最受歡迎的就是這款火腿卷。奶油卷麵團中擺放火腿，與麵團一起捲起烘焙，也可以將起司連同火腿一起捲入。

DATA		
類型：RICH 類（高糖油成分）		烘焙法：烤盤烘焙
主要穀物：麵粉		尺寸：長 8× 寬 6.5× 高 5cm
酵母種類：麵包酵母（Yeast）		重量：37g

可以購得照片上麵包的商店：BOULANGERIE LA SAISON ⇒ P.184

法國麵包搭配明太子

明太子法國

明太子フランス

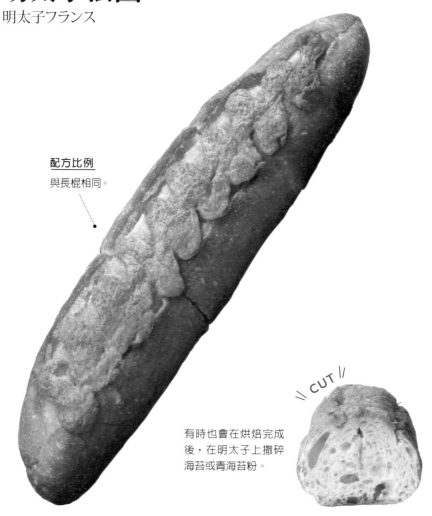

配方比例
與長棍相同。

有時也會在烘焙完成
後，在明太子上撒碎
海苔或青海苔粉。

\\ CUT \\

　　使用橄欖形麵包或奶油卷的調理麵包為數眾多，但使用法國麵包的調理麵包就是少數了。其中明太子法國，就是人氣調理麵包之一。法國麵包上劃入切紋，夾入明太子和美乃滋，或是夾入與奶油混拌的填餡再烘烤。

DATA

類型：LEAN 類（低糖油成分）	烘焙法：直接烘烤
主要穀物：麵粉	尺寸：長 24× 寬 6× 高 4.5cm
酵母種類：麵包酵母（Yeast）	重量：122g

可以購得照片上麵包的商店：POMOADOUR ⇒ P.187

炸麵包中有著日本人最愛的咖哩內餡

咖哩麵包

カレーパン

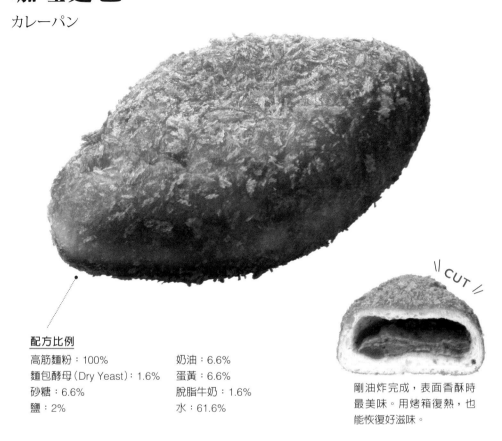

\\ CUT //

配方比例

高筋麵粉：100%　　　　奶油：6.6%

麵包酵母（Dry Yeast）：1.6%　　蛋黃：6.6%

砂糖：6.6%　　　　　　脫脂牛奶：1.6%

鹽：2%　　　　　　　水：61.6%

剛油炸完成，表面香酥時最美味。用烤箱復熱，也能恢復好滋味。

　　最初，好幾家麵包坊都有咖哩麵包，但其中最著名的，是昭和二年，東京江東區著名的名花堂（Cattlea）。以西式餐廳最受歡迎的菜單－炸豬排的形狀與烹調方法，加上咖哩飯的靈感，做出湯汁較少、略稠濃的咖哩填餡，填入麵包麵團中。如同炸豬排般地裹上麵包粉後油炸，之後流行至日本全國。最近也有不油炸，以健康取向改爲烘烤的咖哩麵包。填餡也能用乾咖哩等，變化出各式豐富的組合。是輕食、點心，各種年齡層深受喜愛的調理麵包。

DATA

類型：RICH 類（高糖油成分）	烘焙法：油炸
主要穀物：麵粉	尺寸：長 12.5× 寬 7× 高 3cm
酵母種類：麵包酵母（Yeast）	重量：97g

咖哩麵包

將日本人最喜歡的菜單，咖哩包入炸麵包中製成的咖哩麵包。
如今組合搭配進展得更爲豐富多樣。
※沒有特別標示，爲未稅價。

Cattlea

かとれあ ⇒ P.178
元祖咖哩麵包

---
1 個／ 220 日圓

填裝滿滿咖哩的
元祖咖哩麵包

正如其名「元祖」，是首創咖哩麵包而聞名的店家。薄薄的麵團中，嚐得出蔬菜清甜，滿滿的咖哩，口感十足。

使用小麥：非公開
填餡：豬絞肉、洋蔥、紅蘿蔔
酵母種類：麵包酵母（Yeast）
製作方法：直接法

4.7 cm

重量 113g

6.5 cm

12.2cm

Panaderia TIGRE

パナデリーヤティグレ ⇒ P.182
烤咖哩麵包

---
1 個／ 230 日圓（含稅）

添加了起司的烤咖哩麵包

不油炸改為烘烤，是近來急遽增加的類型。比油炸麵包更加爽口、健康。填餡的咖哩也因為添加了起司，風味更柔和。

使用小麥：Montblanc
填餡：豬絞肉、洋蔥、紅蘿蔔等
酵母種類：麵包酵母（Yeast）
製作方法：直接法

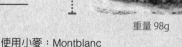

4.5 cm

重量 98g

8 cm

9.5cm

Pumpkin

ぱんぷきん ⇒ P.183
橫須賀海軍咖哩麵包

---
1 個／ 180 日圓

加入福神漬的咖哩麵包

以海軍咖哩而聞名的神奈川橫須賀市，是咖哩麵包的激戰區。這是最早在咖哩麵包中添加福神漬的麵包坊。

使用小麥：武士牌麵包專用粉
填餡：牛肉、洋蔥、紅蘿蔔、馬鈴薯、福神漬
酵母種類：麵包酵母（Yeast）
製作方法：直接法

4 cm

重量 103g

φ 9cm

重量 78g

5 cm
7 cm
10cm

Boulangerie & cafe goût

ブランジェリーアンドカフェグウ ⇒ P.184

烤咖哩麵包

1 個／ 170 日圓

與米粉製麵團十分合拍的番茄咖哩

因為使用米粉，所以麵團有著 Q 彈又酥脆口感。咖哩屬於強調番茄酸味的多汁類型。

使用粉類：米粉、玉米粉
填餡：洋蔥、紅蘿蔔、番茄、豬肉等
酵母種類：麵包酵母（新鮮酵母）
製作方法：冷藏發酵法
其他：使用三溫糖、天日鹽、米糠油

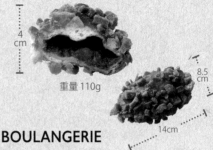

重量 110g

4 cm
8.5 cm
14cm

BOULANGERIE LA SAISON

ぶーランジュリー　ラ・セゾン ⇒ P.184

炸咖哩麵包

1 個／ 160 日圓

以麵包小丁取代麵包粉

一般會裹上麵包粉油炸的咖哩麵包，改用麵包小丁油炸，視覺效果驚人。柔和的咖哩風味與表層麵衣，搭配得天衣無縫。

使用小麥：高筋麵粉
填餡：牛肉、紅蘿蔔、洋蔥
酵母種類：麵包酵母（Dry Yeast）
製作方法：直接法

重量 134g

5 cm
7 cm
14cm

Patisserie SATSUKI

パティスリーサツキ ⇒ P.182

新牛肉咖哩麵包

1 個／ 972 日圓

牛肉的存在感格外明顯

包入了豪奢的大量牛肉塊在咖哩麵包中，從食材到炸油等所有細節，都精細嚴選的頂級牛肉咖哩麵包。

使用小麥：Camellia 山茶花粉、Three Star
填餡：豬絞肉、洋蔥、紅蘿蔔
酵母種類：麵包酵母（Yeast）
製作方法：直接法

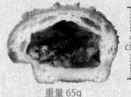

重量 65g

5 cm
φ 7cm

365日

365 にち ⇒ P.180

咖哩麵包

1 個／ 346 日圓（含稅）

講究細節的烤咖哩麵包

澆淋橄欖油後烘烤而成，滋味爽口。咖哩當中使用的是店內的新鮮絞肉。因為中間留有空洞，咀嚼時更能烘托出香氣。

使用小麥：夢力（ゆめちから）、南穗（みなみの穂）
填餡：豬絞肉、洋蔥、紅蘿蔔、高麗菜、薑、芹菜
酵母種類：SAF、麵包酵母（Dry Yeast）
製作方法：直接法
其他：使用季節蔬菜

使用膨脹劑，風味質樸的麵包

甜食

甘食

配方比例

低筋麵粉：100%

泡打粉：2.5%

小蘇打：1.2%

砂糖：50%

奶油：15%

雞蛋：30%

牛奶：30%

烘焙完成後，約放置 1 小時
以上最美味。享用時可以嚐
出雞蛋的風味。

　　不使用酵母，而是使用小蘇打等膨脹劑來製作。有時也不使用膨脹劑，而僅以雞蛋使其膨脹。麵團在烤盤上擠成圓形，烘焙成獨特的圓錐狀。有一說是在明治時代，參考瑪芬製作而成。

───────── DATA ─────────

類型：RICH 類（高糖油成分）	烘焙法：烤盤烘焙
主要穀物：麵粉	尺寸：直徑 9× 高 5cm
酵母種類：不使用酵母。	重量：84g
偶而使用膨脹劑	
可以購得照片上麵包的商店：みんなのぱんや⇒ P.187	

以泥窯烘烤出搭配咖哩的好搭檔

饢餅

Naan

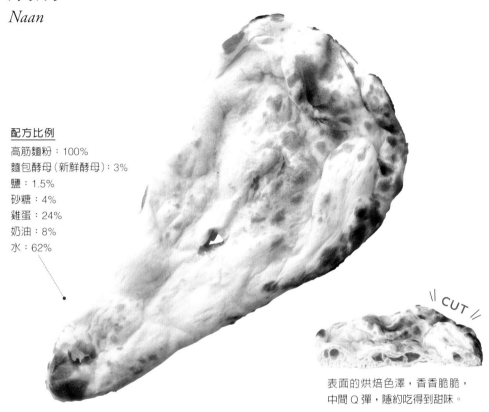

配方比例

高筋麵粉：100%
麵包酵母（新鮮酵母）：3%
鹽：1.5%
砂糖：4%
雞蛋：24%
奶油：8%
水：62%

\\ CUT //

表面的烘焙色澤，香香脆脆，
中間 Q 彈，隱約吃得到甜味。

　　饢餅作為搭配印度咖哩享用的麵包，在日本廣為人知。邊少量逐次撕取，可以蘸咖哩等醬汁、包夾蔬菜，作為主食享用。在最後，還能乾淨地拭去盤底的醬汁。所謂 Naan，是波斯語「麵包」的意思，實際上不僅在印度，巴基斯坦、阿富汗、伊朗等都有食用。因此形狀雖然會因地區而不同，但在日本最為大家所熟知，就是樹葉形狀的饢餅。主要食用地區在北印度，將麵團貼在稱作泥窯（Tandoor）的烤窯內側烘烤，因此呈現這樣的形狀。取出時，用長條手柄將饢餅推開勾取出來。一旦冷卻會變硬，因此烘烤完成最美味。

―――――――――（ DATA ）―――――――――

類型：LEAN 類（低糖油成分）	烘焙法：直接烘烤
主要穀物：麵粉	尺寸：長 41× 寬 19× 高 3.5cm
酵母種類：麵包酵母（Yeast）、或使用膨脹劑	重量：240g

可以購得照片上麵包的商店：Mumbai ⇒ P.188

和饢餅同樣麵團製作

炸麵餅
Bathura

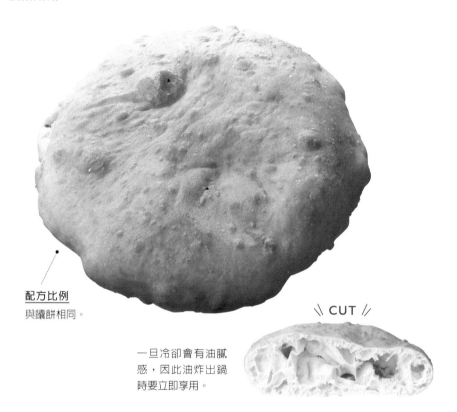

配方比例
與饢餅相同。

\\ CUT //

一旦冷卻會有油膩感，因此油炸出鍋時要立即享用。

全印度都食用，但特別是在北印度地區喜歡作為早餐。饢餅麵團整形成圓形，邊澆淋油脂邊油炸約 30 秒的炸麵餅，入口時油香會慢慢的擴散，非常適合搭配鷹嘴豆馬薩拉（Chana masala）這種有強烈辣味的咖哩。

Column

印度的麵包文化

在國土廣闊的印度，麵包也會因地區而有所不同。北部以饢餅等麵粉製麵包為主流，南部則傾向以使用米粉或豆粉的麵包較多。

（DATA）

類型：LEAN 類（低糖油成分）	烘焙法：油炸
主要穀物：麵粉	尺寸：直徑 15× 高 3.5cm
酵母種類：麵包酵母（Yeast）	重量：132g

可以購得照片上麵包的商店：Mumbai ⇒ P.188

北印度的家庭風味

恰巴提
Chapati

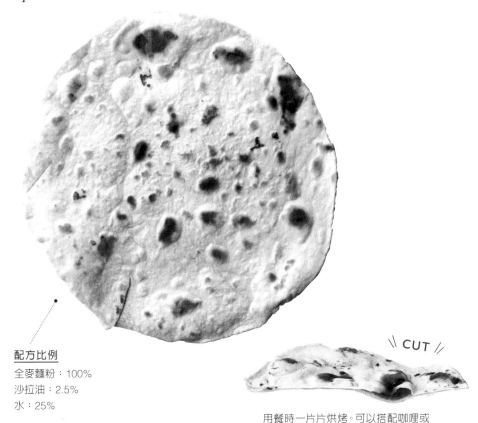

配方比例
全麥麵粉：100%
沙拉油：2.5%
水：25%

\\ CUT //

用餐時一片片烘烤。可以搭配咖哩或
紅茶等，撕開享用。

　　使用稱爲 Atta 的全麥粉製作的無發酵
麵團，用稱爲 Tawa 的專用平底鍋煎的麵
餅。相較於以大型泥窯（Tandoor）烘烤的
饢餅，用像平底鍋般 Tawa 煎的恰巴提更
是家庭中習慣的作法。巴基斯坦、尼泊
爾、孟加拉也食用。

〔DATA〕

類型：LEAN 類（低糖油成分）	烘焙法：直接烘烤
主要穀物：麵粉	尺寸：直徑 17.5× 高 1cm
酵母種類：不使用酵母	重量：58g

可以購得照片上麵包的商店：Mumbai ⇒ P.188

適合搭配菜餚的 Q 彈蒸麵包

饅頭
Mantou

配方比例

低筋麵粉：100%
老麵：50%
粗鹽：2%
砂糖：10%
水：40%

\\ CUT \\

一旦冷卻會變硬，因此要趁熱
享用。放置後的饅頭只要再重
新回蒸即可。

在日本習以為常的中華饅頭，指的是肉包或甜餡包子。但在中國當地，稱為「饅頭」的，指的是僅用麵團製作，沒有包入任何餡料，包入餡料的都稱為「包子（パオズ）」。在當地，使用老麵（預先發酵備用的麵團），作為發酵種的製作方法是主流，但最近不使用老麵改以麵包酵母（Yeast）也變多了。以麵團蒸製麵包，在歐美並不熟悉，可以說是亞洲特有的種類。日本的肉包，製作法也是由中國傳入。在中國北部，會以麵粉製作麵類或饅頭等主食，因此沒有包餡的饅頭，就像是日本人的白飯一般，可以和菜餚一起食用，也能澆淋蜂蜜作為點心。

─────(DATA)─────

類型：LEAN 類（低糖油成分）		烘焙法：蒸製
主要穀物：麵粉		尺寸：長 7.7× 寬 6.2× 高 3.8cm
酵母種類：老麵或麵包酵母		重量：45g

可以購得照片上麵包的商店：包包（パオパオ）⇒ P.182

可愛花朵形狀的人氣饅頭

花卷
Huajuan

配方比例
與饅頭相同。有時也會包捲入芝麻油或蔥花。

\\ CUT \\

直接享用當然很美味，也能夾入菜餚作成中式三明治。

　麵團與饅頭（P.106）相同。薄薄地擀壓後，圈狀捲起，分切成單一的大小，以筷子整型後用大火燜蒸製成。像饅頭般，可以搭配菜餚或湯品享用，也可以在麵團中添加葡萄乾、蔥花、松子等。

（DATA）

類型：LEAN 類（低糖油成分）	烘焙法：蒸製
主要穀物：麵粉	尺寸：長 8× 寬 6.5x 高 4cm
酵母種類：老麵或麵包酵母	重量：55g

可以購得照片上麵包的商店：包包（パオパオ）⇒ P.182

最適合搭配茶點的雞蛋糕

馬拉糕

Ma lai gao

配方比例

低筋麵粉：100%
雞蛋：110 ～ 138%
砂糖：166.7%
椰奶：27.8%

\\ CUT //

濃郁甜味最適合搭配清
爽的中國茶，在當地也
會被當作早餐享用。

中式的蒸糕，使用了大量的雞蛋和砂糖。特徵是因飽含水分而軟糯的口感。也有使用黑糖或椰子粉的種類，會因店家不同而有各種配方。除了使用膨脹劑之外，也有僅使用雞蛋使其膨脹的成品。

DATA

類型：RICH 類（高糖油成分）	烘焙法：蒸製
主要穀物：麵粉	尺寸：直徑 8× 高 4.7cm
酵母種類：不使用酵母。	重量：89g
膨脹劑或雞蛋	

可以購得照片上麵包的商店：包包（パオパオ）⇒ P.182

丹麥的麵包

全世界廣受青睞
酥皮類麵包（Danish pastry）的發源地

　　丹麥最具代表性的麵包，就是「酥皮類麵包 Danish pastry」。麵包麵團與奶油數次層疊後烘焙完成的 RICH 類（高糖油成分）麵包。麵團中折入奶油的技術，據說是由奧地利傳入，之後與丹麥傳統的製作方法結合，再推廣至全世界。因此在丹麥，也稱之為「維也納麵包 Vienna bread」。

　　現在各地都製作千變萬化的酥皮類麵包（Danish pastry），但原本在丹麥當地酥皮類麵包的特徵，是以 60% 以上大量奶油折疊製作而成。兼具獨特的多層酥脆感，以及奶油滲入麵團中的潤澤感。種類也非常豐富多變化，渦卷形或編織狀等，各種形狀大小。有填入香甜奶油餡的，也有擺放水果或堅果的，還有不填餡清爽型的種類。在丹麥，雖然以法國麵包和裸麥麵包為主食，但早餐或午後的咖啡時光、紀念日等，酥皮類麵包（Danish pastry）都是不可或缺的重要存在。

蛋糕般具重量感的酥皮類麵包

奶油蛋糕

Smor kager

整顆蛋糕的大小，
分切後享用。

// CUT //

外側酥脆，內側口感
潤澤。蘭姆葡萄乾的
酸甜是風味的亮點。

　　Smor 在丹麥語的意思是「奶油」、
Kager 是「蛋糕」的意思。正如其名
地，在折疊了奶油的麵團上，像蛋糕
般擺放了大量卡士達奶油餡和葡萄乾
烘焙而成。分切時，像引導線一般的
溝槽，是整型成雙數的麵團，放入圓
的模型後烘焙而形成。在重覆 3 次三
折疊的丹麥麵團上，擺放奶油、卡士

達奶油餡、蘭姆葡萄乾，再將麵團捲
起分切，幾個麵團排入圓模後，放入
烤箱烘焙。圓形凹陷處的糖霜是烘焙
完成後再舀入的。大部分都是做成容
易分享的大小，因此當地人常購買作
爲伴手禮。此外，也有單一販售，不
需整個購買。

(DATA)

類型：RICH 類（高糖油成分）	烘焙法：模型烘焙
主要穀物：麵粉	尺寸：直徑 20.5× 高 6.5cm
酵母種類：麵包酵母（Yeast）	重量：882g

在丹麥是很經典的酥皮類麵包

罌粟籽酥皮麵包

Tebirkes

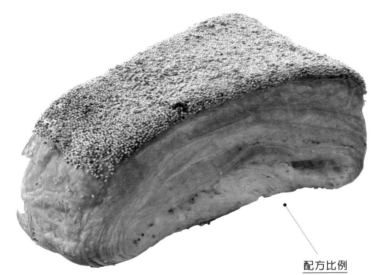

\\ CUT //

麵團有 27 層。相對於
視覺上的膨脹感，拿
取時實際上是十分輕
盈的。

配方比例

高筋麵粉：50%
低筋麵粉：50%
麵包酵母：8%
砂糖：8%
鹽：0.8%
乳瑪琳：8%
雞蛋：20 %
水：40%
包捲用油脂：92%

　　Te 是「茶」、Birkes 是「罌粟籽」的意
思。不使用香甜填餡和其他食材，簡單的
酥皮類麵包。特徵是麵團上塗抹混合了
奶油和砂糖的奶油糖，表面覆滿了罌粟
籽。在丹麥，就是最受歡迎的酥皮類麵包
之一。

⬭ DATA ⬭

類型：RICH 類 (高糖油成分)

主要穀物：麵粉

酵母種類：麵包酵母 (Yeast)

烘焙法：烤盤烘焙

尺寸：長 12.5× 寬 7.5× 高 4cm

重量：64g

渦卷狀的肉桂捲

奶油渦卷
Smor Snegle

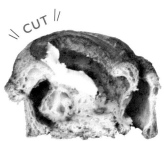

\\ CUT \\

肉桂香與甜甜的糖霜真
是絕佳組合，口感酥脆
但卻輕盈。

　　和罌粟籽酥皮麵包（Tebirkes）並列，是丹麥最具代表性的酥皮類麵包。Smor 的意思是「奶油」、Snegle 是「渦卷」的意思。麵團與罌粟籽酥皮麵包相同，混入了肉桂，整型成渦卷狀再烘烤，最後在渦卷上舀入糖霜。據說這就是肉桂卷的原型。

〔 DATA 〕

類型：RICH 類（高糖油成分）	烘焙法：烤盤烘焙
主要穀物：麵粉	尺寸：直徑 9.5× 高 5cm
酵母種類：麵包酵母（Yeast）	重量：74g

意思是「3 種穀物」的麵包

三種穀物麵包
Trekornbroad

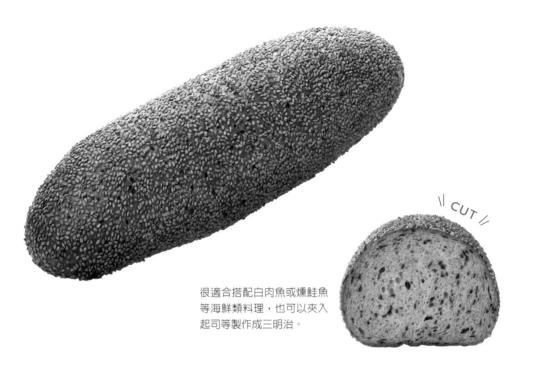

\| CUT \|

很適合搭配白肉魚或燻鮭魚
等海鮮類料理，也可以夾入
起司等製作成三明治。

　　丹麥最知名的麵包，是作為甜點類麵包享用的酥皮類麵包（Danish pastry），但這款卻是丹麥非常受歡迎的餐食麵包。所謂的 Trekornbroad，就是「3 種穀物」的意思，各別拆開來看，Tre 是「3 種的」、Korn 是「穀物」、Broad 則是「麵包」。使用的 3 種穀類，是麵粉、全麥麵粉、裸麥粉。特徵之一是使用了大量的芝麻，除了覆蓋在表面之外，也揉進麵團中。烘焙時，明顯的芝麻香氣更能促進食慾。當地僅使用白芝麻，但食譜在傳入日本後，配方變成了黑芝麻。使用了高營養價值、食物纖維豐富的全麥麵粉、含有蛋白質和脂質的芝麻，就營養成分而言，可以說無可挑剔。

(DATA)

類型：LEAN 類（低糖油成分）	烘焙法：直接烘烤
主要穀物：麵粉、裸麥粉	尺寸：長 32.5× 寬 9.8× 高 8cm
酵母種類：麵包酵母（Yeast）	重量：599g

重點在於大量卡士達奶油餡與杏仁的風味

斯潘道丹麥酥

Spandauer

卡士達奶油餡和糖霜，完成了濃郁香甜的滋味。

\\ CUT \\

　　斯潘道丹麥酥是日本十分受到歡迎的甜點類麵包，也經常可見。在丹麥，也是點心或休假日早餐等，日常享用的酥皮類麵包。添加杏仁粉的杏仁膏抹在擀開成正方形的麵團中，四角折疊，中央擠入大量卡士達奶油餡後烘焙，完成後再用糖霜擠成緞帶狀或格柵狀。名稱由來，是將麵團四角如信封般折入，因此有一說 Spandauer 就是「信封」的意思，但也有人說這個食譜出自靠近德國柏林附近的 Spandau 斯潘道，故以此命名。

（ DATA ）

類型：RICH 類（高糖油成分）	烘焙法：烤盤烘焙
主要穀物：麵粉	尺寸：直徑 9.6× 高 3.8cm
酵母種類：麵包酵母（Yeast）	重量：87g

可以購得照片上麵包的商店：廣島 Andersen ⇒ P.183

奧地利的麵包

歐洲現代麵包的基石

曾經是歐洲中心，繁榮發展的奧地利，在麵包製作上也對歐洲各國有著深遠的影響。使用大量奶油和雞蛋製作，RICH 類（高糖油成分）的麵包、與法國麵包製作方法相連結的「Polish 法」，以麵粉材料的 20 ～ 40%，添加等量的水和少量麵包酵母來起種的製作方法，又稱為液種法。起源於波蘭，經由維也納傳至巴黎，在十九世紀時，麵包用的酵母研究也開始盛行，因此奧地利才會被稱作「現代麵包的故鄉」。也有一說是法國的可頌、布里歐、丹麥的酥皮類麵包等，都起源於奧地利。

現在的奧地利，廣泛食用 LEAN 類（低糖油成分）和 RICH 類（高糖油成分）的麵包。很受歡迎的 Kaisersemmel 凱撒麵包，就是承襲以往的製作方法，簡單又具風味。撒上粗鹽粒的 Salzstangen 鹽麵包卷，也很受到歡迎。加上經典的餐包、麵粉中混合了裸麥或雜穀粉的麵包、以及中世起歐洲顯赫名門的哈布斯堡家族（Haus Habsburg），在全盛時期製作出的各式麵包，至今也持續傳承。

以皇帝的王冠爲象徵的經典餐食麵包

凱撒麵包

Kaisersemmel

配方比例

法國麵包專用粉：90%　　　　麥芽糖漿：0.3%
低筋麵粉：10%　　　　　　　脫脂奶粉：2%
麵包酵母（Instant Yeast）：0.8%　奶油：3%
鹽：2%　　　　　　　　　　水：64%

\\\\ CUT \\\\

在當地，稱它爲「2小時麵包」，從烘焙完成算起，越新鮮出爐表層外皮越脆口好吃。

　　以奧地利爲始，德國、瑞士等地都很熟悉的餐食麵包。在日本也常被稱爲 Kaiser roll。不帶甜味的單純麵團，烘焙成表層外皮薄脆、柔軟內側鬆軟的輕盈口感。表面有時也會撒上罌粟籽或葵花籽。獨特的紋路看似皇帝（凱撒）的皇冠，因此命名爲 Kaisersemmel。雖然是用專用壓模按壓出這個紋路，但過去是用手工折疊形成。最後發酵時紋路面朝下放置，以抑制中央膨脹鼓起，烘焙出扁平的形狀。在當地，也常會橫向剖開夾入食材做成三明治，經常可見滿滿包夾著火腿、起司、蔬菜等各種食材。

──────(DATA)──────

類型：LEAN 類（低糖油成分）	烘焙法：直接烘烤
主要穀物：麵粉	尺寸：直徑 9.5× 高 4.8cm
酵母種類：麵包酵母（Yeast）	重量：37g

可以購得照片上麵包的商店：奧地利糕點與麵包的 SAILER ⇒ P.180

點心零食般帶著鹹味的餐包

鹽麵包卷
Salzstangen

配方比例
與凱撒麵包相同。

隱約淡淡的甜味，
很適合搭配培根、
火腿等味道較濃重
的肉類。

Salz 是「鹽」、Stangen 是「棒子」。原本指的是細長形的麵包，但實際上也有一些店家做成月牙狀或餐包形狀。與凱撒麵包一樣，是奧地利餐桌上很常見的種類，配方比例也相同。有趣的是，一旦整形不同，口感也完全相異。薄薄擀壓的麵團捲起產生的層次，讓全體呈現酥脆感。特別是外側的香脆，與柔軟內側 Q 彈又具口感，是這款麵包的特徵。表面會撒上鹽或葛縷籽（Caraway Seeds）增添風味。直接享用非常美味，也可以做為下酒小點心。一般雖然使用的是麵粉，但也有混拌全麥麵粉、裸麥粉，或添加牛奶做出帶著奶香的成品。

DATA

類型：LEAN 類（低糖油成分）	烘焙法：直接烘烤
主要穀物：麵粉	尺寸：長 26× 寬 4× 高 3.5cm
酵母種類：麵包酵母（Yeast）	重量：48g

可以購得照片上麵包的商店：奧地利糕點與麵包的 SAILER ⇒ P.180

葵花籽的香氣就是最大的特色

向日葵麵包

Sonnenblumen

配方比例

◎酸種
裸麥粉：18.6%
初種：1.8%
水：14.8%

◎正式麵團
法國麵包專用粉：81.3%
裸麥粉：16.2%
酸種：33.4%
麵包酵母(新鮮酵母)：1.8%
鹽：2%
葵花籽：11.6%
水：67.4%

\\ CUT //

表層外皮呈色並膨脹起來的成品，就是中間潤澤、緊實地完成烘焙。

　　所謂 Sonnenblumen，就是「向日葵」的意思。以麵粉爲主體，添加了裸麥粉、葵花籽製作的麵團，表面也沾裹上葵花籽後烘焙。堅果的風味柔和了裸麥的酸味，口感也變得更輕盈。是一款富含食物纖維、鐵、維生素、礦物質的麵包。

―――――――――（ DATA ）―――――――――

類型：LEAN 類（低糖油成分）	烘焙法：直接烘烤
主要穀物：麵粉、裸麥粉	尺寸：長 15× 寬 15× 高 7cm
酵母種類：酸種、麵包酵母	重量：60g

可以購得照片上麵包的商店：Linde ⇒ P.188

獨特形狀的陶製模型，烘焙出的傳統發酵麵包

咕咕洛夫（庫克洛夫）

Gugelhupf

\\ CUT \\

彎曲深缽形狀般美麗的
皺摺，是最大的特徵。
大多會在表面篩上糖粉。

配方比例

高筋麵粉：100%
麵包酵母（新鮮酵母）：4%
脫脂奶粉：5%
砂糖：25%
奶油：35%
蛋黃：20%

檸檬皮：0.1%
蘇丹娜（Sultana）葡萄乾：50%
糖漬橙皮：5%
柳橙利口酒：3%
水：46%

　　使用大量雞蛋和奶油 RICH 類（高糖油
成分）的甜點類麵包，在當地每逢節慶時
就會享用。Gugel 是「圓形」、Hupf 是「啤
酒酵母」的意思，在十八世紀前，起源於
以啤酒酵母麵包為主流的奧地利。在法國
稱為「Kouglof 庫克洛夫」。

――――――――（ DATA ）――――――――

類型：RICH 類（高糖油成分）	烘焙法：模型烘焙
主要穀物：麵粉	尺寸：直徑 8× 高 5.5cm
酵母種類：麵包酵母（Yeast）	重量：134g

可以購得照片上麵包的商店：Hofbäckerei Edegger-Tax ⇒ P.186

如烘焙糕點般有著酥脆口感

堅果麵包

Nussbeugel

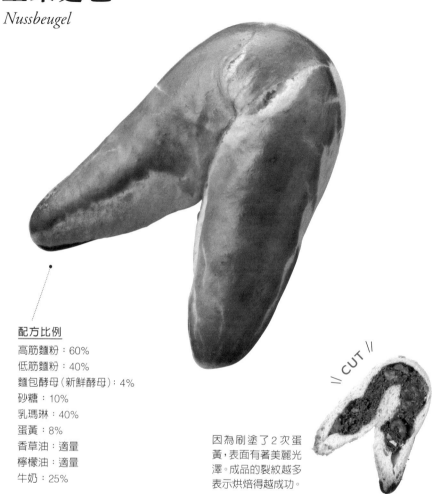

配方比例

高筋麵粉：60%

低筋麵粉：40%

麵包酵母（新鮮酵母）：4%

砂糖：10%

乳瑪琳：40%

蛋黃：8%

香草油：適量

檸檬油：適量

牛奶：25%

// CUT //

因為刷塗了 2 次蛋黃，表面有著美麗光澤。成品的裂紋越多表示烘焙得越成功。

Nuss 是「堅果」、Beugel 是從「彎曲」意思的「Beugen」變形而來。擀平的麵團放上餡料包起後，整型成馬蹄狀或 V 字型再烘焙而成。填餡會使用大量的榛果或核桃，享用時嚼勁十足。

DATA

類型：RICH 類（高糖油成分）	烘焙法：烤盤烘焙
主要穀物：麵粉	尺寸：長 8× 寬 6× 高 3.5cm
酵母種類：麵包酵母（Yeast）	重量：38g

可以購得照片上麵包的商店：Hofbäckerei Edegger-Tax ⇒ P.186

發源於維也納的酥皮類麵包

酥皮麵包
Plunder

配方比例
中筋麵粉：100%
麵包酵母（新鮮酵母）：4%
砂糖：12%
鹽：1.8%
脫脂奶粉：4%
奶油：7%
蛋黃：5%
折疊用奶油：40%
水：55%

酥脆的麵團中，會放上
水果或奶油餡。

　　Plunder 是「容易破壞」的意思。麵團折疊了奶油後烘焙而成的麵包，在英語系國家會稱為 Danish pastry，在德國則稱為 Dänischer Plunder，全都冠以「丹麥風格」之名。但實際上發源地是奧地利，據說是由維也納的麵包師傅所研發。

〔 DATA 〕

類型：RICH 類（高糖油成分）	烘焙法：烤盤烘焙
主要穀物：麵粉	尺寸：長 13.5× 寬 9× 高 4cm
酵母種類：麵包酵母（Yeast）	重量：84g

可以購得照片上麵包的商店：Hofbäckerei Edegger-Tax ⇒ P.186

芬蘭的麵包

孕育在寒冷氣候下
有助健康的裸麥麵包

　　寒冷且土地大多貧瘠的芬蘭，因為很難栽植小麥，因此幾乎都是以裸麥或全裸麥為主體的麵包。裸麥粉類富含食物纖維、維生素、礦物質，同時因為麵團中不添加油脂，也更能控制熱量。基於這樣的背景，芬蘭是鮮少罹患大腸癌的國家。

　　芬蘭的麵包，外觀看起來真的十分特別。以粥作為食材的「Karjalan Piirakka」到表面黑且有光澤的「Peruna Limppu」，都是在日本極少見的麵包。其他圓盤狀的「Hapan Leipa」等，是水分少、可以長期保存的麵包。

　　而且，芬蘭是個知名的咖啡大國。咖啡時間絕不可少，每天都要喝上好幾杯，搭上稱為「Pulla」的甜麵包。不使用裸麥粉而採用麵粉，從經典口味到季節限定，可以有非常多不同的變化組合。

使用大量裸麥的人氣餐食麵包

裸麥麵包

Ruis Limppu

配方比例

◎原種
裸麥粉：100%
初種：5.2%
水：100%
◎酸種
原種：40%
全裸麥粉：34%
水：31%

◎正式揉和麵團
高筋麵粉：30%
裸麥粉：20%
全裸麥粉：50%
酸種：105%
麵包酵母（新鮮酵母）：2%
鹽：2.3%
麥芽糖漿：1.1%
水：25%

麵包內側Q彈且潤澤。有點類似橡皮般的嚼感，因此必須薄薄地切片。

　　芬蘭常享用的傳統鄉村麵包。有表面烘焙成光滑狀的、或是相反地做成裂紋狀的。在氣候寒冷的芬蘭，因小麥不易栽植而使用裸麥的麵包非常多，Ruis Limppu 這個名字正是「裸麥麵包」的意思。可以品嚐出全裸麥粉粒狀的口感，以及裸麥酸種的強烈酸味。而與小麥麵包最大的不同，就在於緊密紮實的麵包內側。裸麥因為不含麩質，即使麵團發酵，氣泡也不會膨脹起來，因此烘焙出緊密紮實的內側狀態，只吃一點也能止饑有飽足感。麵包內側的味道也十分有特色，非常適合搭配肝醬或肉類等，風味紮實的料理。

◁ DATA ▷

類型：LEAN 類（低糖油成分）	烘焙法：直接烘烤
主要穀物：裸麥粉、麵粉	尺寸：直徑 20× 高 4cm
酵母種類：酸種、麵包酵母	重量：690g

可以購得照片上麵包的商店：Moomin Bakery&Cafe ⇒ P.187

添加了馬鈴薯，風味樸實的麵包

裸麥鄉村麵包

Peruna Limppu

\\ CUT //

表層外皮是甜甜的焦香，
麵包內側是滋潤的口感。
略微加熱會更好吃。

配方比例

全裸麥麵粉：44%　　鹽：2%
裸麥粉：34%　　　　馬鈴薯泥：60%
麵粉：22%　　　　　麥芽糖漿：1%
麵包酵母：1.2%　　　葛縷籽 (Caraway Seeds)：3%
發酵種：4%　　　　　水：63%

　　裸麥鄉村麵包的麵團中添加了燙熟壓碎的馬鈴薯。具有豐富的食物纖維、維生素，具高營養價值。顏色深黑具較強的風味，但享用時意外地樸質，且適度地抑制了酸味。口感Q彈，咀嚼時會慢慢釋放出甜味。麵包表層刷塗糖蜜，在呈現光澤的同時增添甜味。

有些店家不刷塗糖蜜，而是以表面裂紋來呈現。在芬蘭，麵包中大多會添加香料，這款麵包也揉入了葛縷籽，甜香柔和且濃厚的酸味，讓風味更加獨特。作為餐食麵包，可以直接享用，建議也可以切成薄片後，做成開面三明治。

────────────(DATA)────────────

類型：LEAN 類（低糖油成分）		烘焙法：直接烘烤
主要穀物：裸麥粉、麵粉		尺寸：直徑 16× 高 7cm
酵母種類：酸種、麵包酵母		重量：690g

可以購得照片上麵包的商店：Moomin Bakery&Cafe ⇒ P.187

很建議裸麥麵包入門者嘗試的健康麵包

裸麥麵包
Happan Limppu

─── Column ───
**不同形狀的
麵包名稱**
Happan Limppu 與
Hapan Leipa 的 麵 團
是相同的。因為形狀不
同，名稱也隨之而異。

\\ CUT \\

切成厚片會乾巴巴難以下嚥，
切成薄片是美味享用的秘訣。

　　圓形或扁平海參狀，表面有裂紋並撒有裸麥粉。芬蘭的麵包，大多以形狀特徵來命名，Happan Limppu 的麵團整型成薄薄的圓餅狀，就變成了 Hapan Leipa。麵團的材料，以裸麥和全裸麥為主，也有添加麵粉的配方。可以嚐得出酸種特有，在酸香中隱約的甜，因此不習慣裸麥麵包的人，也容易接受。表層外皮烘烤得硬且香，麵包內側是細緻潤澤口感的同時，還能嚐到 Q 彈的嚼勁。此外，添加了全裸麥粉，因此富含食物纖維，而且沒有添加油脂。切片後塗抹奶油，擺放上燻火腿或油漬沙丁魚等海鮮類，也能搭配蔬菜湯等清爽料理一起享用。

◖DATA◗

類型：LEAN 類（低糖油成分）	烘焙法：直接烘烤
主要穀物：裸麥粉、麵粉	尺寸：直徑 20× 高 4cm
酵母種類：酸種、麵包酵母	重量：690g

可以購得照片上麵包的商店：Moomin Bakery&Cafe ⇒ P.187

酸味明顯的薄型裸麥麵包

裸麥麵餅

Hapan Leipa

\\ CUT //

有嚼勁的表層外皮和潤澤的麵包內側。酸味、鹹味、微甜，絕佳的均衡滋味。

　　與 Happan Limppu 相同，是餐桌上常見的餐食麵包。「Happan」是酸味的意思，不僅酸，越是咀嚼越能嚼出其中的甜味，是這款麵包的特色。最特別的是表面呈現刺出許多孔洞的圓餅形。麵團薄薄地擀平後，在表面用打孔滾輪刺出孔洞後烘焙，釋放出麵團中的空氣，使得表面呈現光滑，且

沒什麼厚度的麵包。依店家不同有烘焙成大大圓形的，也有整形成環形的，也曾有用竿子串起這些環形麵包加以保存的時代。分切成喜好的大小，做成開面三明治，或是橫向劃開包夾食材享用。除了火腿和起司之外，還很適合搭配燻鮭魚等海鮮類。

◖ DATA ◗

類型：LEAN 類（低糖油成分）	烘焙法：直接烘烤
主要穀物：裸麥粉、麵粉	尺寸：直徑 21× 高 1cm
酵母種類：酸種、麵包酵母	重量：320g

可以購得照片上麵包的商店：Moomin Bakery&Cafe ⇒ P.187

感覺像包裹著粥的麵包

卡累利阿餡餅
Karjalan Piirakka

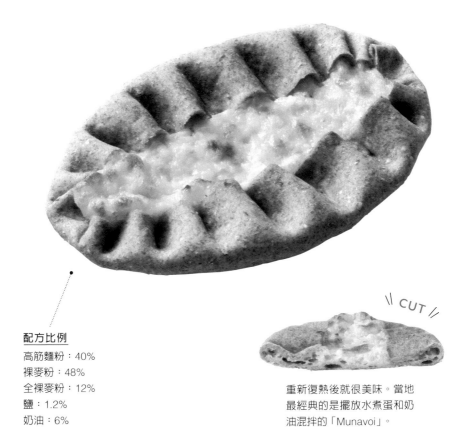

\\ CUT //

配方比例
高筋麵粉：40%
裸麥粉：48%
全裸麥粉：12%
鹽：1.2%
奶油：6%
水：49%

重新復熱後就很美味。當地
最經典的是擺放水煮蛋和奶
油混拌的「Munavoi」。

　　Karjalan Piirakka 意思是「卡累利阿餡餅」。薄薄擀平的裸麥麵團上放牛奶粥，包成像船形後入烤箱烘焙。與其說是麵包，不如說像是塔餅般酥脆。可以說是芬蘭著名的國民美食，也是待客時的輕食。

─── DATA ───

類型：LEAN 類（低糖油成分）	烘焙法：烤盤烘焙
主要穀物：裸麥粉	尺寸：長 12× 寬 8× 高 0.8cm
酵母種類：不使用酵母	重量：43g

可以購得照片上麵包的商店：Kiitos ⇒ P.179

用甜麵團製作出多采多姿的甜麵包

小圓麵包

Pulla

配方比例

高筋麵粉：100%
雞蛋：12.5%
鹽：1.25%
細砂糖：30%
麵包酵母（Dry Yeast）：2.75%
小豆蔻（cardamom）：3.75%
奶油：25%
珍珠糖：適量
肉桂：適量
牛奶：62.5%

帶著甜味膨鬆綿細的柔軟
內側，最適合搭配咖啡。
大多是製成小型的麵包。

　　在芬蘭，甜麵包統稱爲「Pulla」。麵粉中添加砂糖、奶油和雞蛋製作的麵團，可以整形成各式各樣的 Pulla。

　　能擺放當季水果、加入卡士達奶油餡、添加小豆蔻等香料，滾圓麵團後烘焙就能完成。

DATA

類型：RICH 類（高糖油成分）	烘焙法：烤盤烘焙
主要穀物：麵粉	尺寸：直徑 8× 高 5.5cm
酵母種類：麵包酵母（Yeast）	重量：45g

可以購得照片上麵包的商店：Moomin Bakery&Cafe ⇒ P.187

波加查
Pogacsa

配方比例

高筋麵粉：100%
麵包酵母（Yeast）：2%
泡打粉：1%
雞蛋：20%
奶油：10%
鹽：2%
酸奶油：10%
紅椒粉：少量
牛奶：20%
水：20%

\\ CUT \\

麵包內側十分緊實，
因此雖然小，也很有
飽足感。

在餐廳用餐時，會作爲餐食麵包或餐前小點心地供應，在家裡也會當成小點心享用，是匈牙利常見的麵包。形狀可以說是匈牙利版的司康吧，但因爲麵團中加了酸奶油，因此可以嚐出比司康更加濃郁且獨特的風味。每個家庭或餐廳，都有各家的獨門食譜，添加豬油、起司、培根、火腿、香草等，也會混入燙熟搗碎的馬鈴薯、完成時放上起司等。從一口大小，到拳頭般的尺寸各式各樣都有。也可以和匈牙利使用大量紅椒粉，稱爲 Gulyás 的傳統紅酒牛肉湯一起享用。本身帶著鹹味，即使直接吃也非常美味，佐葡萄酒也很棒。

DATA

類型：LEAN 類（低糖油成分）	烘焙法：烤盤烘焙
主要穀物：麵粉	尺寸：直徑 7× 高 5.5cm
酵母種類：麵包酵母（Yeast）	重量：58g

食材變化組合充滿樂趣的炸麵包

蘭戈斯炸麵包
Langos

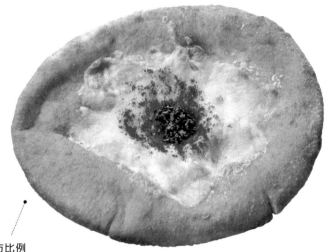

配方比例

高筋麵粉：100%　　　紅椒粉：少量
麵包酵母（Yeast）：2%　牛奶：20%
泡打粉：1%　　　　　　水：20%
雞蛋：20%
奶油：10%
鹽：2%
酸奶油：10%

\\ CUT //

速食店或渡假區
經常可以看見。
熱騰騰剛炸好是
最美味的時刻。

　　在匈牙利很受歡迎的 Langos 是非常彈牙的炸麵包。製作方法是將麵粉、牛奶等全部的材料混合，靜置一夜後擀平成圓片狀，以熱油炸。根據食譜的不同，也有添加燙熟後搗碎的馬鈴薯，更具 Q 彈口感。表面的食材，有起司、大蒜、酸奶油、臘腸等，變化相當豐富。但只撒了鹽的原味 Langos 也廣受青睞。此外，Langos 的尺寸較大，在當地幾乎不在家裡製作，只會買來享用。鄰國奧地利部分地區也有。

━━━━━━━━━━━（ DATA ）━━━━━━━━━━━

類型：LEAN 類（低糖油成分）	烘焙法：油炸
主要穀物：麵粉	尺寸：長 16.2× 寬 14.5× 高 2.5cm
酵母種類：麵包酵母（Yeast）	重量：126g

烤麵包或三明治的經典款

英式吐司
English Bread

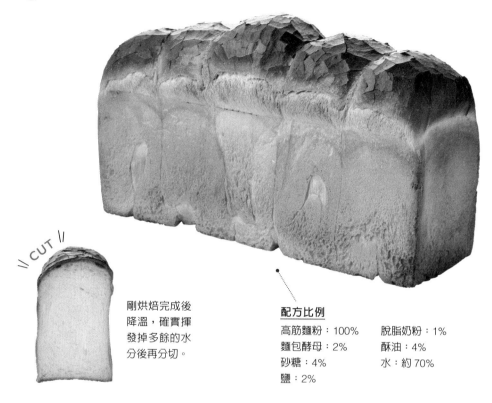

\\ CUT \\

剛烘焙完成後
降溫，確實揮
發掉多餘的水
分後再切。

配方比例

高筋麵粉：100%	脫脂奶粉：1%
麵包酵母：2%	酥油：4%
砂糖：4%	水：約70%
鹽：2%	

　　放入吐司模型內烘焙的麵包中，不加蓋直接烘烤成山形的麵包，在日本稱為英式吐司。在英國則稱為「White bread」或「White loaf」。用全麥粉製作的則稱為「Brown bread」。相較於在日本販售的英式吐司，英國當地製作的尺寸略小。麵團以麵粉為主體，添加少量的砂糖和油脂，烘焙成鬆軟的狀態。比起其他吐司，特徵是麵包的紋理粗，烤熱時酥脆的表面非常美味。相較於厚切，在英國更常見的是切成八等分的薄片，烘烤至兩面金黃後享用最經典。低甜度的淡雅風味，無論什麼食材都能輕易搭配，也很適合製作三明治。

◯ DATA ◯

類型：LEAN 類（低糖油成分）	烘焙法：模型烘焙
主要穀物：麵粉	尺寸：長 37 × 寬 11.5 × 高 18cm
酵母種類：麵包酵母（Yeast）	重量：1250g

可以購得照片上麵包的商店：Grune Backerei ⇒ P.179

英式吐司

能品嚐不同於方形吐司鬆軟口感的英式吐司。
試吃各式種類，找出自己最喜歡的味道吧。
※沒有特別標示，為未稅價。

重量441g

19.2cm

11cm 13.2cm

Uchikipan

うちきぱん ⇒ P.178

England

1斤／360日圓（含稅）

元祖吐司店的英式吐司

據說是日本最早販售吐司，創業130年以上的老店。柔軟內側的質地細緻、口感綿軟，表層外皮香脆。

使用小麥：麵粉（2種調合粉）
酵母種類：啤酒花種、海洋酵母
製作方法：長期熟成中種法
其他：伯方鹽、使用麥芽糖漿

重量617g

19cm

10.5cm 18.5cm

紀之國屋

きのくにや ⇒ P.179

英式吐司

3片厚切／216日圓（含稅）～

使用200小時熟成的酵母

超市紀之國屋的長紅熱賣商品。使用200小時熟成的啤酒酵母種，具有獨特的酸味和濃郁風味。連麵包邊都潤澤美味。

使用小麥：非公開
酵母種類：啤酒花種 製作方法：液種法

重量400g

12cm

9cm 18cm

TOAST neighborhood bakery

トースト ネイバーフッドベイカリー ⇒ P.181

Virgin olive oil

1斤／380日圓

大量橄欖油

油脂使用的是橄欖油。只是這樣，就可以更直接感受到食材的滋味，橄欖油的清爽香氣分外明顯。

使用小麥：TYPE ER、Kitanokaori（キタノカオリ）
酵母種類：麵包酵母（Dry Yeast）
製作方法：直接法 其他：Virgin olive oil、沖繩鹽

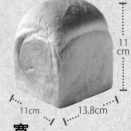

重量342g

11cm

11cm 13.8cm

麵包工廠　寬

ぱんこうば　ひろ ⇒ P.182

吐司

1斤／270日圓（含稅）

簡單烘焙的每日麵包

因為「希望製作出每天都想要吃的麵包」，因此儘可能用簡單的材料完成烘焙。不使用油脂，也儘可能抑制甜味，是吃不膩的滋味。

使用小麥：道春
酵母種類：白神 Kodama 酵母
製作方法：直接法 其他：果糖、使用自然鹽

FAN FAN

ふぁんふぁん　⇒ P.183

英國吐司

3 斤／ 960 日圓

早中晚三餐都能享用的麵包

因為特別柔軟，還有客人專程預備外帶用的提籃。質地細緻，直接享用就非常美味。特別留意製作出沒有特殊風味，三餐都能享用的麵包。

使用小麥：Camellia 山茶花粉
酵母種類：麵包酵母（新鮮酵母）
製作方法：直接法

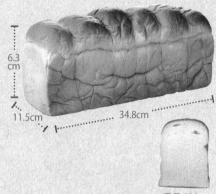

6.3 cm
11.5cm　34.8cm

重量 992g

Boulangerie Sudo

ブーランジェリー スドウ　⇒ P.184

世田山吐司

2 斤／ 700 日圓

輕軟口感和甜味很受歡迎

必須預約才買得到的吐司。水分含量多，因此柔軟內側質地細緻、口感極佳。能確實嚐得到甜味，直接享用也很美味。

使用小麥：Camellia 山茶花粉
酵母種類：啤酒酵母
製作方法：直接法

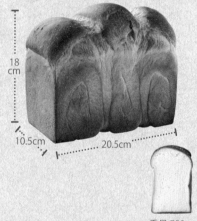

18 cm
10.5cm　20.5cm

重量 759g

FUROINDO

ふろいんどう　⇒ P.185

吐司

1 條／ 840 日圓（含稅）

不使用機器完全手工製作

完全不使用攪拌機等，純粹手工揉和，烘焙則使用烤窯。咀嚼時湧現的小麥風味，是樸實柔和的美味。

使用小麥：Golden yacht、Eagle、Queen
酵母種類：麵包酵母（新鮮酵母）
製作方法：直接法
其他：使用四葉奶油

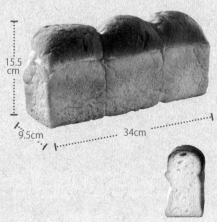

15.5 cm
9.5cm　34cm

重量 596g

133

融合了香且Q彈的口感！

英式瑪芬
English Muffin

\\ CUT //

配方比例

高筋麵粉：100%　　　　砂糖：4%

麵包酵母（新鮮酵母）：3%　　酥油：8%

泡打粉：1.2%　　　　　粗粒玉米粉：適量

鹽：2%　　　　　　　水：83〜85%

脫脂奶粉：2%

表面扁平、低圓筒狀的漂亮形狀。烘焙至橫向水平有裂紋，邊緣呈現漂亮烤色為止。

　　英國的傳統模型烘焙麵包。「Muffin」的語源，據說是從過去用來暖手的防寒工具「Muff」而來，這款麵包拿在手上，可以溫暖凍僵的手，因而以此命名。在英國，單純稱它為「Muffin」，但為了與烘焙糕點類的瑪芬區隔，在日本稱之為英式瑪芬。看起來像是以顏色略白的烤色來銷售，但前提是會先回烤加熱後再享用。製作過程中，大約受熱至八分左右就從烤箱取出，因此享用時，即使表面加熱至金黃焦脆，內側仍Q軟。是水分較多的麵團，因此柔軟內側有略大的氣泡，鬆軟的口感別有一番樂趣。

──(DATA)──

類型：LEAN類（低糖油成分）	烘焙法：模型烘焙
主要穀物：麵粉	尺寸：直徑9×高3cm
酵母種類：麵包酵母（Yeast）、泡打粉	重量：57g

可以購得照片上麵包的商店：紀之國屋⇒ P.179

與下午茶時光有著深切淵源的點心類麵包

司康
Scone

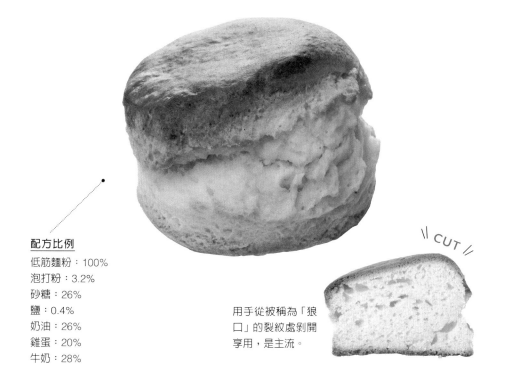

配方比例

低筋麵粉：100%
泡打粉：3.2%
砂糖：26%
鹽：0.4%
奶油：26%
雞蛋：20%
牛奶：28%

用手從被稱為「狼口」的裂紋處剝開享用，是主流。

\\ CUT \\

　　英國人極為熟悉，無發酵的麵包，大多是手工製作。幾乎家家戶戶都有自己的獨家配方。這款麵包誕生在十八世紀，在貴族間流行的午茶時間，與紅茶一同享用。當時的司康是以燕麥為主體，放在烤盤上烘烤成餅乾般的成品。現在使用了作為膨脹劑的泡打粉，以麵粉為主體混入奶油、牛奶、砂糖等揉和而成，用壓模按壓後烘焙。在英國習慣搭配大量的凝脂奶油（Clotted cream）與果醬享用，因此司康本身並沒有太明顯的甜味。名稱的由來，據說是從蘇格蘭的司康城堡，加冕時使用的「命運之石 Stone of fate」簡化而來。

DATA

類型：RICH 類（高糖油成分）	烘焙法：烤盤烘焙
主要穀物：麵粉	尺寸：直徑 6.9× 高 5.2cm
酵母種類：不使用酵母。添加泡打粉	重量：64g

無需發酵，簡單就能完成的麵包

黑麵包
Brownbread

配方比例
全麥麵粉：100%
泡打粉：2%
砂糖：4%
鹽：0.4%
奶油：8%
原味優格：80%

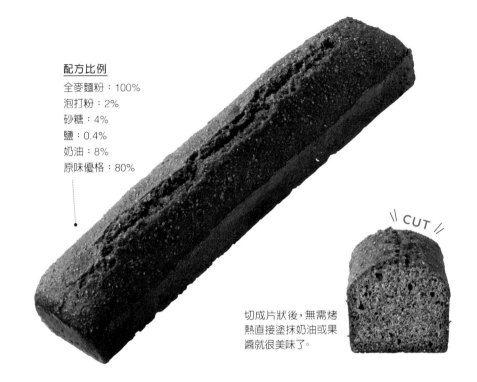

\\ CUT \\

切成片狀後，無需烤熱直接塗抹奶油或果醬就很美味了。

　　誕生於愛爾蘭，無發酵製作的快速麵包（Quick bread）。傳統的配方，是用麵粉、小蘇打、鹽、酪乳（Buttermilk）四種材料製成。其中酪乳所含的乳酸和膨脹劑的作用，使麵團膨脹起來。無法購得酪乳時，也可以添加優格或酸奶油。提到麵包製作常會有需要很長時間的印象，但 Brownbread 因為不需要發酵，很快就能完成。愛爾蘭家庭自製的 Brownbread，是日常的樂趣之一。使用全麥麵粉，所以是偏茶色的麵團，愛爾蘭正是以此為主流。用低筋麵粉製作時顏色略白，被稱作 Soda bread。麵包的內側柔軟緊實，外側鬆脆、內部潤澤，有點軟式餅乾的口感。

―――――――――――――――― ◁DATA▷ ――――――――――――――――

類型：LEAN 類（低糖油成分）	烘焙法：模型烘焙
主要穀物：麵粉	尺寸：長 36.5× 寬 7.3× 高 7cm
酵母種類：不使用酵母	重量：912g
添加膨脹劑、或乳酸菌	

源自古老習俗製作出的編辮麵包

辮子麵包
Zopf

配方比例
法國麵包專用粉：100%
麵包酵母（新鮮酵母）：4%
鹽：2%
砂糖：8%
雞蛋：12%
奶油：12%
牛奶：60%

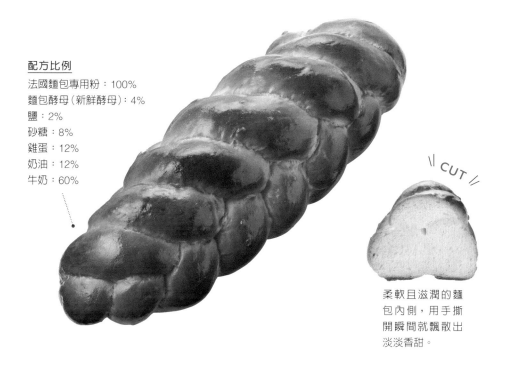

\\ CUT //

柔軟且滋潤的麵
包內側，用手撕
開瞬間就飄散出
淡淡香甜。

誕生於十五世紀的瑞士，現今德國、奧地利等歐洲各地都有製作。Zopf 的名字，意思就是「編辮的頭髮」。過去在歐洲領主死亡時，必須將妻子的髮辮編入一起陪葬，傳說最後就是用麵包代替陪葬。從 2 股編法到 6 股編法都有，麵包坊的麵團編辮作業，由麵包師傅手工編製。德國的 Zopf，大多是放入葡萄乾或杏仁的甜麵團，照片上是瑞士的辮子麵包，抑制甜度作為餐食麵包廣受青睞。口感雖然柔軟，但與其說是輕盈，不如說是具有彈力的鬆軟麵團，口感滑順，每一口都能嚐出奶油的香氣。也很適合搭配果醬或起司。

(DATA)

類型：RICH 類（高糖油成分）	烘焙法：烤盤烘焙
主要穀物：麵粉	尺寸：長 24× 寬 9× 高 8cm
酵母種類：麵包酵母（Yeast）	重量：220g

可以購得照片上麵包的商店：Grune Backerei ⇒ P.179

小麵團連結形成不甜的餐食麵包

提契諾麵包

Tessinerbrot

配方比例

法國麵包專用粉：100%

麵包酵母：4%

粉狀發酵種：2.5%

鹽：2%

麥芽糖漿：1%

橄欖油：5%

水：約50%

\\ CUT //

口感輕盈的柔軟內側，
切成一口大小，也能用
於起司鍋。

　　幾個小型麵包結合烘焙成的大型麵包。誕生於瑞士南部的提契諾州（Tessin），現在是瑞士全國都在享用的麵包了。小麵團表面各別用剪刀剪出裂口，可以烘焙出香脆的表層外皮。不添加砂糖的 LEAN 類（低糖油成分）麵包，具有鬆軟的口感。

DATA

類型：LEAN 類（低糖油成分）	烘焙法：直接烘烤
主要穀物：麵粉、裸麥粉	尺寸：長 21× 寬 14× 高 7.7cm
酵母種類：麵包酵母（Yeast）	重量：278g

因高水量而形成 Q 彈的口感

博利麵包

Bürlibrot

配方比例
麵粉：100%
麵包酵母：2.1%
鹽：3%
水：約 90%

切片後直接享用
也很美味，略烘
烤後更香。

　　誕生於瑞士東部，聖加侖修道院（Fürs-
tabtei Sankt Gallen）的麵包。以麵粉或裸
麥粉爲主體，僅用水、鹽、麵包酵母等簡
單材料製作而成。表層外皮確實地烘焙，
柔軟內側含大量水分而 Q 彈，有時也會揉
入核桃或葡萄乾。

DATA

類型：LEAN 類（低糖油成分）	烘焙法：直接烘烤
主要穀物：麵粉、裸麥粉	尺寸：長 20× 寬 12× 高 8cm
酵母種類：麵包酵母（Yeast）	重量：350g

可以購得照片上麵包的商店：Grune Backerei ⇒ P.179

表面出現的裂紋就是最大的特徵

虎皮麵包（荷蘭麵包）

Tijgerbrood / Dutch Bread

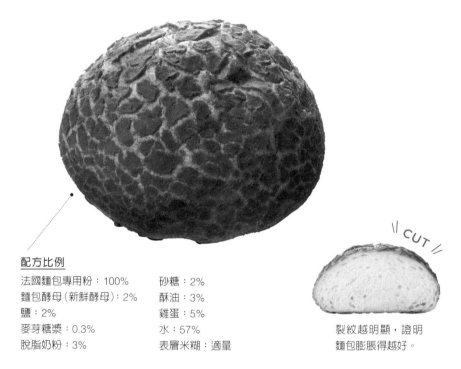

\\ CUT //

配方比例

法國麵包專用粉：100%	砂糖：2%
麵包酵母（新鮮酵母）：2%	酥油：3%
鹽：2%	雞蛋：5%
麥芽糖漿：0.3%	水：57%
脫脂奶粉：3%	表層米糊：適量

裂紋越明顯，證明
麵包膨脹得越好。

　　Tijgerbrood 的名稱，是由表面裂開的虎斑紋路而來。在日本也被稱為 Dutch Bread 荷蘭麵包或是 Tiger Bread。完成整型的麵包上半部，使用米粉等製作成米糊塗抹在麵團表面後烘焙，就會出現裂紋。法國麵包是劃入切紋以形成表層外皮的酥脆感，但 Tijgerbrood 是利用米糊形成薄薄的表層外皮，產生香酥的口感，而柔軟內側是質地細緻的輕盈質地。除了圓形之外，荷蘭會放入模型烘焙成三角形或圓柱形、橢圓形等，可以做出各式各樣的 Tijgerbrood。材料的粉類，也有麵粉、全麥粉等各種豐富變化，也能加入起司或培根。

　　　　　　　　　　　(DATA)

類型：LEAN 類（低糖油成分）	烘焙法：烤盤烘焙
主要穀物：麵粉、米粉	尺寸：直徑 15× 高 8.7cm
酵母種類：麵包酵母（Yeast）	重量：234g

可以購得照片上麵包的商店：廣島 Andersen ⇒ P.183

是宴會中必定出現的點心麵包

皮羅什基餡餅

Pirozhki

配方比例

高筋麵粉：100%

麵包酵母（Dry Yeast）：2%

砂糖：6%

雞蛋：4%

鹽：1.6%

奶油：8%

牛奶：66.6%

油炸的成品表面香酥，烤箱烘焙的則是口感香脆。

\\ CUT //

　　在日本提到 Pirozhki，就是將絞肉和粉絲等拌炒後，夾入麵包麵團中油炸而成，但在俄羅斯的 Pirozhki，有相當豐富的變化組合。接近歐洲的地區，比較多用烤箱烘焙；靠近西伯利亞，則是油炸的居多。在當地，食材的內容不固定，從絞肉、當季蔬菜到水煮蛋、蕈菇，甚至會有米飯，

甚至也有包入糖煮水果的點心系列。原本是源自家庭料理的麵包，現在已經成為俄羅斯的代表性料理，在正式場合也作為主菜供餐。家庭廚房以手邊現有的食材開心製作享用，街市攤販作為速食販售也人氣十足。

<hr>

(DATA)

類型：LEAN 類（低糖油成分）	烘焙法：烤盤烘焙、或油炸
主要穀物：麵粉	尺寸：長 8× 寬 6.5× 高 4cm
酵母種類：麵包酵母（Yeast）	重量：84g

可以購得照片上麵包的商店：俄羅斯料理餐廳 ROGOVSKI ⇒ P.189

具強烈酸味和香氣，令人上癮的裸麥麵包

黑麥麵包
Rye bread

配方比例

高筋麵粉：47.4%	鹽：1.6%
裸麥粉：44.7%	砂糖：5.8%
蕎麥粉：7.9%	沙拉油：2%
麵包酵母（新鮮酵母）：1.6%	水：40%
酸種：26.3%	

\\ CUT \\

切成 5～10mm 薄薄片狀，是美味品嚐的秘訣。隔天之後才是最佳享用時機。

俄羅斯的主食麵包中，有 100% 麵粉的白麵包，以及使用粗碾裸麥為主體，添加麵粉、蕎麥粉的黑麥麵包。紮實的俄羅斯黑麥麵包，在日本的麵包坊雖然相當少見，但以麵包種類而言，近似於德國的 Pumpernickel（P.76）。俄羅斯的傳統製作方法，是使用裸麥酸種，緩慢發酵，釋放出濃郁的酸味。雖然是很花時間的麵包，但緊實的麵包內側其實具有高營養價值，並且越是咀嚼，粉類的美味就越能在口中擴散。俄羅斯黑麥麵包才有的強烈酸味和香味，搭配酸奶油享用最常見。當地也很常會搭配羅宋湯（Borshcht）。此外，也會擺放魚子醬等鹹味較強的食材或香草等，作成開面三明治。

DATA

類型：LEAN 類（低糖油成分）	烘焙法：模型烘焙
主要穀物：裸麥粉、麵粉、蕎麥粉	尺寸：長 18× 寬 9.5× 高 9cm
酵母種類：麵包酵母（Yeast）、酸種	重量：677g

可以購得照片上麵包的商店：俄羅斯料理餐廳 ROGOVSKI ⇒ P.189

發源於馬約卡島的傳統糕點

蝸牛麵包
Ensaimada

配方比例

麵粉：100%
麵包**酵母**（Dry Yeast）：1.2%
砂糖：24%
雞蛋：26%
油脂：26%
牛奶：40%
鹽：2%

\\ CUT //

也會填入南瓜奶油餡或打發鮮奶油
等填餡。

　渦卷狀的 Ensaimada，是西班牙東部馬約卡島（Mallorca）的傳統糕點，使用豬油取代奶油。直至十七世紀都是節慶時的糕點，現在島內的麵包坊則是全年可見。從個人獨享到分切享用，各式大小尺寸都有。

⟨DATA⟩

類型：RICH 類（高糖油成分）
主要穀物：麵粉
酵母種類：麵包酵母（Yeast）

烘焙法：烤盤烘焙
尺寸：直徑 10× 高 4.7cm
重量：45g

可以購得照片上麵包的商店：Mallorca ⇒ P.187

不放起司的西班牙版披薩

薄餅

Coca

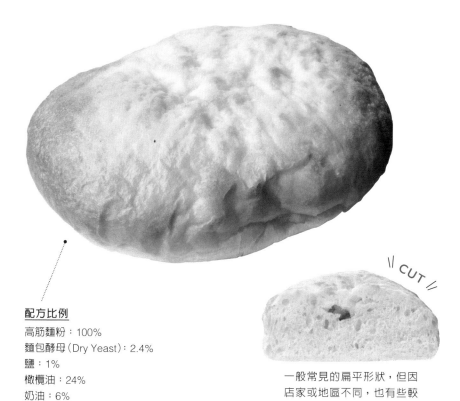

\\ CUT //

配方比例
高筋麵粉：100%
麵包酵母（Dry Yeast）：2.4%
鹽：1%
橄欖油：24%
奶油：6%
水：42%

一般常見的扁平形狀，但因
店家或地區不同，也有些較
具厚度。

　瓦倫西亞（Valencia）等西班牙東部
經常享用。像披薩一樣，麵包上可以
擺放各種食材開心享用，唯獨不使用
起司。食材從水果乾、卡士達奶油餡
等甜口味，到西班牙香腸（Chorizo）、
鰻魚等菜餚都可以。

DATA

類型：LEAN 類（低糖油成分）	烘焙法：烤盤烘焙
主要穀物：麵粉	尺寸：長 12× 寬 9× 高 4cm
酵母種類：麵包酵母（Yeast）	重量：63g

可以購得照片上麵包的商店：Mon-Rico ⇒ P.188

土耳其最受歡迎的扁平麵包

餐食麵包

Ekmek

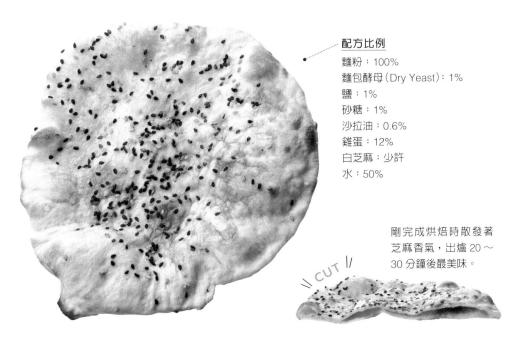

配方比例

麵粉：100%

麵包酵母（Dry Yeast）：1%

鹽：1%

砂糖：1%

沙拉油：0.6%

雞蛋：12%

白芝麻：少許

水：50%

剛完成烘焙時散發著芝麻香氣，出爐 20 ～ 30 分鐘後最美味。

CUT

所的 Ekmek，在土耳其語就是麵包的總稱。因此形狀和擺放食材的變化，有著無限多的組合。大部分是像饢餅般扁平的形狀，表層外皮硬脆，麵包內側口感 Q 彈。如照片般，中間呈現空洞的口袋形狀，在城市中也能看到像法國麵包般的長條狀。搭配的食材，有撒上白芝麻，也有在麵團中混入堅果或茴香籽等，種類多範圍廣。在當地可帶上自己喜歡的食材到麵包坊，擺放在 Ekmek 上烘烤。能搭配湯品、燉煮料理、沙拉等，與餐桌上的菜餚一起享用，或簡單地搭配蜂蜜優格享用。口袋形狀的，則可以夾入稱為 Döner kebap 的土耳其旋轉烤肉或蔬菜等一起享用。

(DATA)

類型：LEAN 類（低糖油成分）	烘焙法：直接烘烤
主要穀物：麵粉	尺寸：直徑 17× 高 3.5cm
酵母種類：麵包酵母（Yeast）	重量：62g

麵餅

Pide

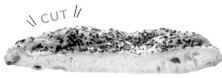

CUT

照片中是沒有擺放填餡的類型，
內側 Q 軟且香氣十足。

配方比例

高筋麵粉：100%
麵包酵母（Dry Yeast）：0.5%
鹽：2.5%
砂糖：2.5%
水：62.5%

　　主要是在土耳其東部製作的扁平烘
烤麵包，傳說是義大利披薩的原型。
除了沒有擺放任何食材的圓餅狀之

外，還有整型成可以填餡的小舟形。
填餡包括：菠菜、番茄、青椒、起司、
牛絞肉等。

DATA

類型：LEAN 類（低糖油成分）	烘焙法：直接烘烤
主要穀物：麵粉	尺寸：直徑 22× 高 3.5cm
酵母種類：麵包酵母（Yeast）	重量：366g

很適合搭配咖哩等口味濃重的料理

拉瓦什
Lavash

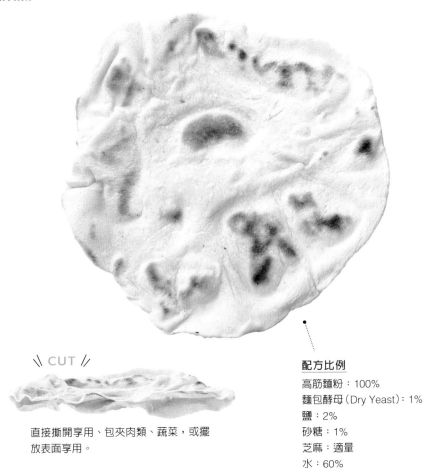

\\ CUT //

直接撕開享用、包夾肉類、蔬菜，或擺放表面享用。

配方比例
高筋麵粉：100%
麵包酵母（Dry Yeast）：1%
鹽：2%
砂糖：1%
芝麻：適量
水：60%

　　在土耳其和伊朗等中東地區，是日常食用的薄烤麵包。以簡單的材料製作，麵粉的味道特別明顯。為了烘焙成薄片，進行短暫僅約30分鐘的發酵時間。很適合搭配咖哩或土耳其旋轉烤肉（Döner kebap）等口味濃重的料理。

──(DATA)──

類型：LEAN類（低糖油成分）	烘焙法：直接烘烤
主要穀物：麵粉	尺寸：直徑22×高5cm
酵母種類：麵包酵母（Yeast）	重量：81g

口袋狀可以包夾食材享用

皮塔餅

Pita

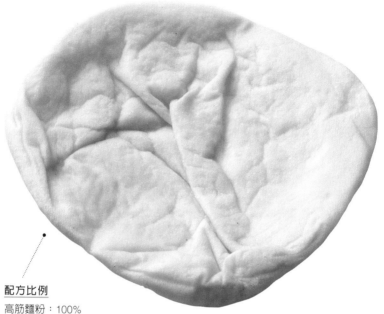

配方比例

高筋麵粉：100%
麵包酵母（Instant dry yeast）：0.6%
鹽：1.5%
砂糖：1%
酥油：3%
水：65%

\\ CUT //

完美烘焙的成品，在對半分切時可
以看到中間全部呈中空口袋狀。

　　中東地區數千年來承傳至今，現在
希臘、以色列等各國也仍食用。為使
中間能烘焙成空洞口袋狀，就必須有
能高溫迅速加熱的設備。因此在當地，
仍保留著在家裡製作好 Pita 麵團後，
帶去麵包坊以高溫烤箱烘焙的方式。

――――――――― DATA ―――――――――

類型：LEAN 類（低糖油成分）	烘焙法：直接烘烤
主要穀物：麵粉	尺寸：直徑 14× 高 1.5cm
酵母種類：麵包酵母、或無酵母	重量：55g

148

巴巴里麵包

Barbari

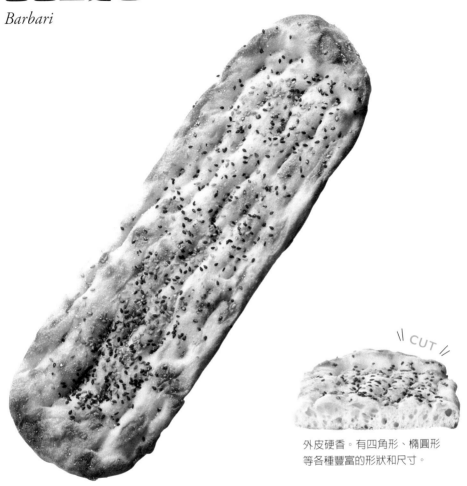

\\ CUT //

外皮硬香。有四角形、橢圓形
等各種豐富的形狀和尺寸。

　　在伊朗，與印度同樣經常享用饢餅。其中特別為所人熟知且受歡迎的，是僅有淡淡鹹味的 Barbari。以麵粉、水、酵母和鹽等簡單配方的麵團，靜置約 3 小時緩緩發酵再烘焙完成。一般會比饢餅略厚，也更有彈牙口感。

───────(DATA)───────

類型：LEAN 類（低糖油成分）	烘焙法：直接烘烤
主要穀物：麵粉	尺寸：長 32×寬 10×高 2.5cm
酵母種類：麵包酵母（Yeast）	重量：163g

可以購得照片上麵包的商店：Savarin ⇒ P.180

衣索比亞

營養豐富的衣索比亞主食

因傑拉餅

Injera

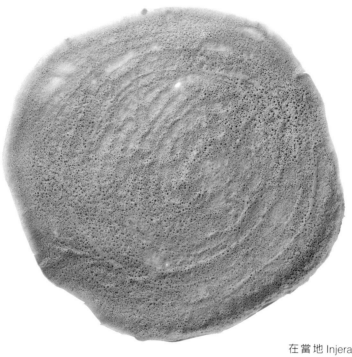

\\ CUT \\

在當地 Injera 會
包夾菜餚，或是
捲成長條狀蘸取
醬汁享用。

　　像可麗餅般薄薄烘烤的麵包。利用衣索比亞高原地帶栽植稱爲「苔麩（Teff）」的穀物粉，加上水製成的發酵麵團。苔麩富含維生素、礦物質、鐵質，非常健康。看起來類似蕎麥粉，但略有酸味，味道喜好也因人而異。

―――――(DATA)―――――

類型：LEAN 類（低糖油成分）	烘焙法：直接烘烤
主要穀物：苔麩粉	尺寸：直徑 37 cm
酵母種類：自然發酵、乳酸菌	重量：175g

可以購得照片上麵包的商店：Queen Sheba ⇒ P.179

混入辛香料的香草風味麵包

達波香料麵包

Dabo

混入了黑茴香和香菜等
辛香料，因此分切時即
飄散出香氣。

　　在衣索比亞，用麵粉製作的麵包稱爲「Dabo」。特徵是麵粉等基本材料中，加了衣索比亞的綜合香料「Berberè」以數十種辛香料混合而成的香料粉。在當地也會在早餐或咖啡時間享用。

───────────(DATA)───────────

類型：LEAN 類（低糖油成分）

主要穀物：麵粉

酵母種類：麵包酵母（Yeast）

烘焙法：模型烘焙、或烤盤烘焙

尺寸：長 4.5× 寬 1.5× 高 9cm（1 片）

重量：20g（1 片）

可以購得照片上麵包的商店：Queen Sheba ⇒ P.179

美國的麵包

從各種文化的交流
發展成獨創的麵包品項

因移民而開拓的美國，從歐洲傳入的麵包，匯集美國的風土文化及製作法，進化成獨創的麵包，如同從英國傳入的英式吐司（White bread）。終於抵達新大陸的移民者們，致力於栽植含大量蛋白質的優質小麥，進而研發出美式的柔軟吐司，並在工廠大量生產，英式吐司也成為美國人習以為常的主食。

猶太民族的移民者所傳入的貝果，切成片狀後包夾食材的新吃法，很快就獲得年輕人的接受。發源於英國的瑪芬、瑞典的肉桂卷，都是調整成美式風格，現今受歡迎的程度遠勝於起源地。此外，近年來大家關注的健康麵包，美式飲食中很容易食物纖維攝取不足，所以富含食物纖維的全麥麵包人氣高漲。美國的三明治專賣店內，很多都可以自由選擇白麵包或全麥麵包。

餐桌上最常見的麵包

奶油卷
Butterroll

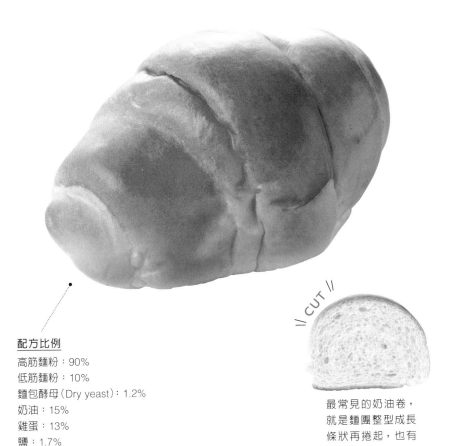

配方比例
高筋麵粉：90%
低筋麵粉：10%
麵包酵母（Dry yeast）：1.2%
奶油：15%
雞蛋：13%
鹽：1.7%
砂糖：12%
牛奶：47%

最常見的奶油卷，
就是麵團整型成長
條狀再捲起，也有
圓形的。

　麵團中添加了大量奶油的麵包。Table roll 是小型餐包的總稱，在日本 Butter roll 就是 Table roll 的經典代表。奶油風味和柔軟輕盈的口感，能作成三明治般包夾食材的調理麵包，塗抹果醬也很適合。

───(DATA)───

類型：RICH 類（高糖油成分）	烘焙法：烤盤烘焙
主要穀物：麵粉	尺寸：長 9.5× 寬 6 × 高 4.7cm
酵母種類：麵包酵母（Yeast）	重量：34g

充滿果乾的自然甜味

葡萄乾麵包

Raisin bread

配方比例

◎中種
高筋麵粉：70%
麵包酵母（新鮮酵母）：3%
水：42%

◎正式揉和麵團
高筋麵粉：30%
鹽：2%
脫脂奶粉：2%
砂糖：8%
奶油：6%
酥油：4%
蛋黃：5%
葡萄乾：50%
水：24%

帶著隱約甜味的
麵團，很適合搭
配奶油。略烘烤
後更加美味。

美國

　葡萄乾盛產的美國，麵包或料理也經常使用。相對於麵粉用量，葡萄乾比例 30 ～ 70% 的 Raisin bread，麵團帶著自然的甜味，口感也更加潤澤。

DATA

類型：RICH 類（高糖油成分）	烘焙法：模型烘焙
主要穀物：麵粉	尺寸：長 16× 寬 8.5× 高 11.5cm
酵母種類：麵包酵母	重量：305g

可以購得照片上麵包的商店：Boulangerie Palmed'or ⇒ P.184

貝果
Bagel

配方比例

高筋麵粉：50%
中筋麵粉：40%
裸麥粉：10%
麵包酵母（Instant dry yeast）：0.6%
鹽：1.5%
蜂蜜：6%
水：50%

\\ CUT //

沒有氣泡，綿密的內側十分有彈性。橫向分切後就能做成貝果三明治了。

在日本人氣麵包之一的貝果，在紐約當地更是受到喜愛。原本是猶太人的早餐麵包，在 1900 年前，透過移居美國的移民們傳入製作方法，特徵就是彈牙的口感。這是將整型成環狀的麵團，先用熱水燙過而成，藉由燙煮抑制烘焙時麵團的膨脹，而形成緊密紮實的麵包內側。再者，麵團表面裹上大量的水分，因此可以烘烤出光亮平滑的表層外皮。也有在麵團中揉入芝麻或水果乾等，做出各式變化組合的貝果。因不含油脂，低脂肪低卡路里，最適合健康取向的人。

◁◁◁ DATA ▷▷▷

類型：LEAN 類（低糖油成分）	烘焙法：烤盤烘焙
主要穀物：麵粉	尺寸：長 11.5 × 寬 10 × 高 3.3cm
酵母種類：麵包酵母（Yeast）	重量：122g

可以購得照片上麵包的商店：Zopf ⇒ P.181

貝果

貝果除了各種不同的風味變化之外，形狀、大小以及麵團的製作方法也各有不同。
每個店家對夾入的食材，或是揉和至麵團中的材料，都經過嚴選並有其堅持。
※沒有特別標示，爲未稅價。

Kepobagels

ケポベーグルズ ⇒ P.179

和風貝果 冰糖粒

1 個／ 180 日圓（外帶）、187 日圓（內用）

冰糖粒的口感令人上癮

燙煮過的貝果表面，綴以日式食材冰糖粒，做成
日式口味貝果。彈牙表皮和綿密的內側，硬脆的
冰糖粒具有畫龍點睛的作用。

使用小麥：夢力（ゆめちから）
酵母種類：星野酵母　製作方法：隔夜法（Overnight）
其他：使用冰糖粒

9cm ┆ 10cm

3cm

重量 98g

---

coharu ＊ bagel

コハルベーグル ⇒ P.180

柳橙奶油起司貝果

1 個／ 291 日圓（含稅）

硬脆表皮帶著彈牙的新口感貝果

使用日本國內小麥。相對於硬脆的外皮，內側是
Q 彈的口感。隱約中帶著甜味的麵團，加上奶油
起司的酸味、糖漬橙皮的微苦，絕佳組合。

使用小麥：春戀　　酵母種類：天然酵母
製作方法：直接法　其他：使用糖漬橙皮、奶油起司

φ9.4cm

4.5cm

重量 145g

麵包屋TANE

パンヤタネ ⇒ P.183

貝果（藍莓）

1 個／ 213 日圓

原味小麥的新口感貝果

麵筋組織嚼勁十足的杜蘭小麥粉，調和了北海道
小麥的麵團，表皮酥脆、內側綿密的新口感。是
店內最受歡迎的貝果。

使用小麥：Duelio、エゾシカ
酵母種類：麵包酵母（Instant Yeast）
製作方法：直接法

φ7.5cm

3.3cm

重量 78g

Bagels

🇺🇸 美國

HIGU BAGEL&CAFE

ヒグ ベーグル ＆ カフェ ⇒ P.183

烤焙洋蔥貝果

1 個／ 176 日圓

洋蔥香氣更引人食慾的石窯烤貝果

完全不使用雞蛋、乳製品、油脂等，以極簡材料，用石窯烘烤，釋放出粉類極限的美味。焦糖色的洋蔥香氣更促進食慾。

使用小麥：高筋麵粉、石臼碾磨高筋麵粉
酵母種類：麵包酵母（Yeast）
製作方法：湯種法
其他：使用蔗糖、烤洋蔥粉、炸洋蔥

φ 8.5 cm

3.4 cm

重量 119g

BAGEL U

ベーグル U ⇒ P.185

紐約客原味貝果

1 個／ 140 日圓

用少量的酵母釋放出粉類的美味

以製作出像紐約當地一樣，表皮緊實、嚼感十足的貝果為目標。儘可能使用最少量的麵包酵母，更能品嚐出粉類本來的美味、香甜。

使用小麥：高筋麵粉
酵母種類：麵包酵母（Yeast）
製作方法：直接法
其他：使用紅糖、伯方鹽

9.3 cm

11.5cm

4.2 cm

重量 119g

Pomme de terre

ポム・ド・テール ⇒ P.187

巧克力 ＆ 柳橙 ＆ 柳橙巧克力貝果

1 個／ 288 日圓

令人開心的大理石紋

包捲整型完成美麗的大理石紋。冷藏麵團，緩慢地低溫長時間發酵，做出表皮緊實、內側 Q 軟的成品。僅在秋冬販售。

使用小麥：夢力（ゆめちから）、Kitahonami（きたほなみ）、春戀全麥粉
酵母種類：麵包酵母（Instant Yeast）
製作方法：中種法
其他：使用蓋朗德鹽

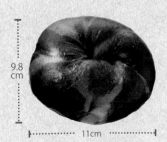

9.8 cm

11cm

5 cm

重量 119g

油炸使其膨脹的柔軟發酵糕點

甜甜圈

Doughnut

配方比例

高筋麵粉：70%　　　　奶油：5%
低筋麵粉：30%　　　　酥油：7%
麵包酵母（新鮮酵母）：4%　蛋黃：8%
泡打粉：1%　　　　　　肉荳蔻：0.1%
鹽：1.2%　　　　　　　檸檬皮：適量
脫脂奶粉：4%　　　　　水：46%
砂糖：12%

\\ CUT \\

剛炸好酥脆的表面非
常美味，大部分都會
在表面沾裹上砂糖。

　　在麵粉中添加雞蛋、砂糖、乳製品等製成的麵團，油炸使其膨脹。以荷蘭的油炸糕點 Oliebol 為原型，油炸麵團（英語為 dough）上放堅果，因而稱之為 Doughnut。正中央的洞，是為了油炸時能均勻受熱，從美國開始改良的造型。麵團扭轉成長條狀的 Twisted doughnut、做成小型圓球狀、還有油炸後填入奶油餡或果醬等，都很受到歡迎。此外，依使用的膨脹材料而異，口感也各不相同，使用麵包酵母的稱為 Yeast doughnut，像膨脹的炸麵包一樣。使用泡打粉膨脹的無發酵麵團，則是清爽的口感，被稱作 Cake Doughnut。

―――――――――― DATA ――――――――――

類型：RICH 類（高糖油成分）	烘焙法：油炸
主要穀物：麵粉	尺寸：長 7.5x 寬 8× 高 2.5cm
酵母種類：麵包酵母（Yeast）或使用泡打粉	重量：44g

可以購得照片上麵包的商店：Bois de Vincennes ⇒ P187

沒有特殊味道，簡單的餐食麵包

白麵包
White Bread

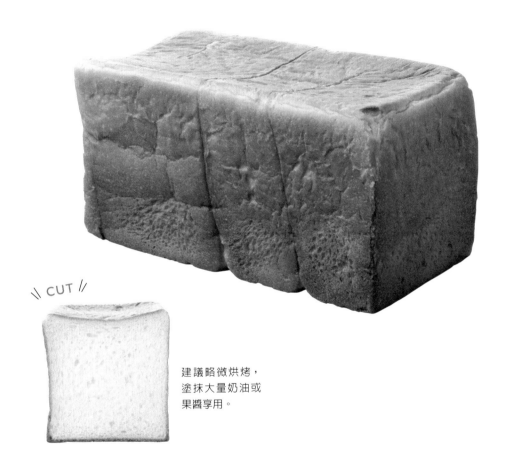

\\ CUT \\

建議略微烘烤，
塗抹大量奶油或
果醬享用。

　　在美國是基本的餐食麵包。相較於追求柔軟口感的日本吐司，較爲 Q 彈，尺寸也較日本的略小。沒有特殊味道的單純麵團，無論什麼食材都很容易搭配，早餐佐以培根、雞蛋料理、也適合製作三明治。

―――――――――――――――― DATA ――――――――――――――――

類型：LEAN 類（低糖油成分）	烘焙法：模型烘焙
主要穀物：麵粉	尺寸：長 18.9× 寬 9.8× 高 9.5cm
酵母種類：麵包酵母（Yeast）	重量：391g

可以購得照片上麵包的商店：紀之國屋⇒ P.179

使用全麥麵粉友善身體的吐司

全麥麵包

Whole-wheat bread

配方比例

高筋麵粉：70%

低筋麵粉：30%

麵包酵母：3%

砂糖：3%

鹽：2%

麥芽糖漿（malt）：0.3%

酵母食品添加劑：0.1%

乳瑪琳：2%

水：65%

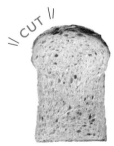

\\ CUT \\

在當地基本上使用100% 全麥麵粉。美國一般是烘烤成 1 磅（約 450g）的重量。

所謂的 Whole-wheat，指的是用整顆小麥碾磨的「全麥麵粉」。因為使用了這樣的麵粉，含胚芽和麥麩所以麵包會呈現茶色，有較多的維生素、礦物質、食物纖維，是健康取向的人最喜歡的麵包。略烘烤後，更能釋放出香氣與自然的甜味。

◯ DATA ◯

類型：LEAN 類（低糖油成分）	烘焙法：模型烘焙
主要穀物：麵粉（全麥麵粉）	尺寸：長 17.9× 寬 8.5× 高 13.9cm
酵母種類：麵包酵母（Yeast）	重量：358g

可以購得照片上麵包的商店：Bois de Vincennes ⇒ P.187

為了更美味地品嚐漢堡而誕生

漢堡麵包

Bun

\\ CUT \\

切開剖面略略烘烤，揮發水分後
會更香脆。

配方比例

高筋麵粉：60%　　鹽：1.2%

低筋麵粉：40%　　奶油：5%

麵包酵母：2.5%　　白芝麻：適量

脫脂牛奶：5%　　水：55%

砂糖：5%　　牛奶：12.5%

　　在英語圈，所有 Bread roll 的統稱都是「Bun」。特別是包夾漢堡肉整型成圓形的，就稱為 Hamburger buns。源於十九世紀後半，針對勞動者們出售包夾漢堡肉的麵包，漢堡麵包正是這個時候開始的。特徵是烘焙成深濃噴香的表層外皮，麵包內側柔軟又 Q 彈。沒有特別的味道，更能烘托出漢堡肉和蔬菜的美味，依店家而異也會在表面撒上芝麻。在美國有使用全麥麵粉製作、或使用酸種製作出帶著酸味的麵包體。順便一提，橫向水平切分的麵包，上部稱為「Crown」（冠）、下部是「Heel」（腳跟），中央再夾入一片麵包時稱為「Club」。

───── DATA ─────

類型：RICH 類（高糖油成分）	烘焙法：烤盤烘焙
主要穀物：麵粉	尺寸：直徑 10× 高 3.5cm
酵母種類：麵包酵母（Yeast）	重量：46g

配合臘腸的形狀而誕生的麵包

熱狗麵包
Hotdog Buns

配方比例
高筋麵粉：100%
麵包酵母：3%
砂糖：10%
鹽：1.8%
脫脂奶粉：2%
酥油：5%
乳瑪琳：5%
雞蛋：5%
水：60%

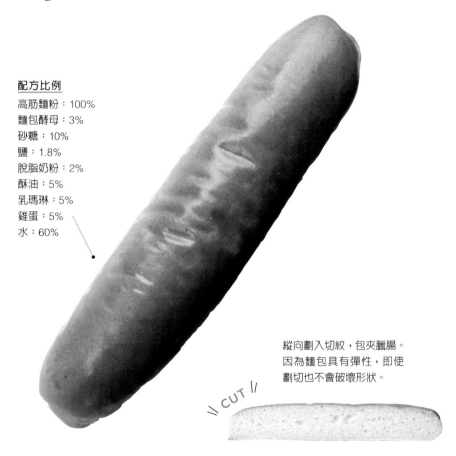

縱向劃入切紋，包夾臘腸。
因為麵包具有彈性，即使
劃切也不會破壞形狀。

\\ CUT \\

美國

十九世紀後，由德國移民將臘腸帶入美國，以細長的麵包夾入的食品也隨之推展流行。形狀與臘腸犬（Dachshund）相似，因此命名爲Hotdog。麵團中添加了砂糖、油脂，烘焙成柔軟的麵包。

――――――― DATA ―――――――

類型：RICH 類（高糖油成分）

主要穀物：麵粉

酵母種類：麵包酵母（Yeast）

烘焙法：烤盤烘焙

尺寸：長 19.5× 寬 4.5× 高 3.5cm

重量：44g

倒入模型中烘焙的麵包坊糕點

瑪芬
Muffin

配方比例

低筋麵粉：100%
泡打粉：2%
砂糖：70%
蜂蜜：10%
牛奶：20%
沙拉油：25%
雞蛋：55%
蛋黃：5%

\\ CUT \\

冷卻再重新復熱
也一樣美味。非
常適合搭配咖
啡、紅茶。

　用泡打粉取代麵包酵母的烘焙糕點。混拌了麵粉、砂糖、雞蛋、奶油等的麵糊，倒入專用模型中烘焙，麵糊上也可以添加食材配料。油脂比例少，因此口感略為鬆散，被為認為是日本甜食（P.102）的原型。

⸺ DATA ⸺

類型：RICH 類（高糖油成分）	烘焙法：烤盤烘焙
主要穀物：麵粉	尺寸：直徑 6.5× 高 7.4cm
酵母種類：不使用酵母。添加泡打粉	重量：68g

可以購得照片上麵包的商店：奧地利糕點與麵包的 SAILER ⇒ P.180

肉桂的香氣與甜味的協奏曲

肉桂卷

Cinnamonroll

糖霜不致融化
地略略加熱，
就能喚醒恢復
鬆軟的口感。

// CUT //

配方比例

高筋麵粉：100%　　　　上白糖：10%
麵包酵母（新鮮酵母）：2%　鹽：1.3%
奶油：4.5%　　　　　　水：45%
加糖煉乳：14%　　　　肉桂糖：適量
蛋黃：30%

　　發源於瑞典的肉桂卷，世界各地都有，即使在日本的麵包坊或咖啡廳，都已成爲大家熟悉的點心。其中美式肉桂卷的份量十足，早餐或點心時很受歡迎。擀壓成長方形的麵團上刷塗奶油，撒上肉桂和砂糖，也有添加葡萄乾的種類，再捲起成圓筒狀。將圓筒狀麵團分切成塊之後，分切的渦卷切面朝上地烘焙。雖然多半會澆淋上用糖製成的糖霜（Frosting），但在美國也有擠上用奶油起司製成的糖霜，綴以堅果也十分受到歡迎。麵包體入口時雖然鬆軟，但包卷的砂糖和肉桂香滲入其中，嚼起來潤澤且Q彈，鬆散的嚼感也是享用時的樂趣。

◗ DATA ◖

類型：RICH 類（高糖油成分）	烘焙法：烤盤烘焙
主要穀物：麵粉	尺寸：長 8× 寬 8.5× 高 6.8cm
酵母種類：麵包酵母（Yeast）	重量：47g

淘金潮時代產生的知名麵包

舊金山酸種麵包
San Francisco Sour Bread

\\ CUT //

大氣泡的 Q 彈柔軟
內側也十分有嚼感，
適合搭配肉類或海鮮
類享用。

　　正如其名，誕生於舊金山帶有酸味的麵包。1849 年淘金潮（Gold rush）之際，挖掘金礦者所享用的麵包，成為當地的著名食品，至今仍受到青睞。與法國麵包相似，但利用空氣中乳酸菌緩慢發酵的傳統手法，因此有著風味獨特的酸味，也稱為「San Francisco Sour Bread」。表層外皮硬且具有嚼勁，柔軟內側潤澤且較有彈性。舊金山的觀光區，販售烘焙成圓形的酸種麵包，挖去中間柔軟內側後，倒入熱的蛤蜊巧達湯就是人氣食譜「Clam chowder bowl bread」。因為是帶著酸香的麵包，因此擺放上火腿、起司，做成三明治都很美味。

DATA

類型：LEAN 類（低糖油成分）	烘焙法：直接烘烤
主要穀物：麵粉	尺寸：長 21× 寬 7.8× 高 6.7cm
酵母種類：舊金山酸種	重量：246g

可以購得照片上麵包的商店：紀之國屋⇒ P.179

享用墨西哥夾餅的無發酵麵餅

玉米餅

Tortilla

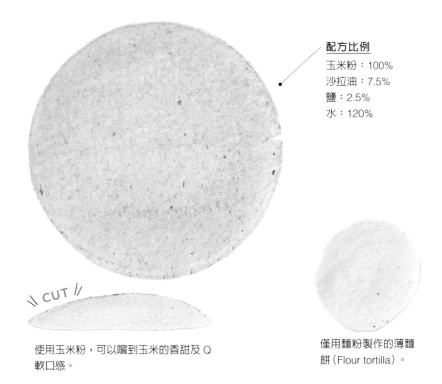

配方比例
玉米粉：100%
沙拉油：7.5%
鹽：2.5%
水：120%

\\ CUT //

使用玉米粉，可以嚐到玉米的香甜及 Q
軟口感。

僅用麵粉製作的薄麵
餅（Flour tortilla）。

墨西哥／巴西

是日本人所熟知的墨西哥料理－墨西哥夾餅（Tacos）的麵包。在墨西哥夾餅上塗抹辣醬，夾入肉類和蔬菜享用。在當地，直接添加菜餡就能變成主食，切剩下的薄餅油炸成薄片，擠上檸檬和鹽享用。特徵是使用玉米粉製作的麵團滾圓後，不經過發酵地擀平放在烤盤上烘烤。有玉米粉混入麵粉的、也有僅用麵粉製作的，使用 100% 麵粉的稱爲薄麵餅（Flour tortilla）。原本 Tortilla，在西班牙人移民墨西哥前，就是當地傳統食用的麵包。名稱的由來，是因爲形狀與西班牙烘蛋 Tortilla 相似而命名。

⬤ DATA ⬤

類型：LEAN 類（低糖油成分）	烘焙法：直接煎烤
主要穀物：玉米、麵粉	尺寸：直徑 15× 高 0.2cm
酵母種類：不使用酵母	重量：17g

Q 彈口感的起司麵包

巴西起司球

Pão de queijo

\\ CUT \\

重新復熱時，覆蓋上鋁箔紙以烤箱加熱。

配方比例

木薯粉（cassava）：100%	雞蛋：24%
油：2%	起司粉：50%
鹽：0.5%	牛奶：60%

葡萄牙語的 Pão 就是「麵包」、Queijo 是「起司」。木薯澱粉製作的粉類中加入起司粉、雞蛋等，滾圓成乒乓球大小。不經過發酵，直接放入烤箱烘烤即可。因為製程不需發酵很簡單，因此巴西家庭也經常製作，各家都有自己原創的食譜，也有混入培根或火腿的種類。也是咖啡廳的固定菜單，可以在餐前作為搭佐啤酒的零食，或是與咖啡一起享用。外側香脆，內側像麻糬般的口感，加上起司的香氣和鹹味，令人停不下來。很符合日本人的喜好，因此除了麵包坊之外，也有販售混合好，方便 DIY 的 Pão de queijo 專用粉。

───────────◯DATA◯───────────

類型：RICH 類（高糖油成分）	烘焙法：烤盤烘焙
主要穀物：木薯粉	尺寸：直徑 7× 高 9cm
酵母種類：不使用酵母	重量：60g

日本麵包MAP

各地廠商製作，紮根的在地麵包。
在此介紹當地居民慣常享用，外地難以購得，
而且其他縣民覺得珍奇的特殊麵包。

東日本

G 山形
黏糊巧克力（たいようパン）

攤開的麵包上黏糊糊的巧克力！

大膽地在切開的橄欖形麵包上塗滿奶
油餡，再包裹上巧克力的商品。將攤
開的麵包拼攏閉合享用，就是老饕的
技巧。

J 富山
翡翠麵包（清水製パン）

誕生在翡翠產地・富山！

令人眼睛為之一亮的鮮艷綠色，本尊
是羊羹。據傳是在燒焦的紅豆麵包表
面，塗抹羊羹而來的靈感。

I 靜岡
長麵包（バンデロール）

約 34cm 的長～麵包

約 34cm 的細長形麵包中，夾著大
量香甜的牛奶醬，也有巧克力和花
生口味。

H 長野
牛奶麵包（小松パン）

比麵包還厚的牛奶餡!?

鬆軟的麵包夾入了「居然這麼多！」
的牛奶餡。是信州麵包坊的經典商
品，每家各有不同的特色。

(A) 北海道
羊羹麵包卷（日糧製パン）
意相不到的羊羹表層
扭轉烘焙的麵包表面澆淋上巧克力，以為是這樣，但其實表面是羊羹！夾在中央的打發鮮奶油意外地滋味美妙。

(B) 青森
英式吐司（工藤パン）
顆粒口感一吃成癮

連麵包邊都柔軟旳吐司，夾入具顆粒口感的細砂糖和乳瑪琳的三明治。還有經典咖啡及期間限定款。

(C) 岩手
紅豆奶油三明治（福田パン）
紅豆 X 奶油組合
縣內超市等都有的橄欖形麵包專賣店內，最具人氣的商品。紅豆餡和奶油的甜鹹一吃成主顧。

(D) 秋田
Biscuit Pan（たけや製パン）
粒狀口感令人上癮
說是餅乾但並不硬，而且口感滋潤。酥皮麵團中捲入了餅乾麵團，隱約帶著優雅的甜味。

(E) 福島
Cream Box
（ベーカリーチロル）
宛如牛奶餡的寶盒！
福島縣郡山市的麵包坊都有販售。吐司上與其說"塗抹"，不如說是"盛放"，可以充分品嚐出牛奶餡的美味。

(F) 福島
元祖咖啡麵包（ふたばや）
並非燒焦而是咖啡
與奶油寶盒並列郡山市著名麵包。揉和了咖啡餡的麵團，烘焙時因滲出的咖啡餡，底部會非常焦黑！

西日本

○ 島根
玫瑰麵包（なんぽうパン）
可愛的玫瑰花形狀
寬幅的甜點類麵包麵團捲起，做出像玫瑰形狀般的麵包。中間填入打發鮮奶油。

R 福岡
曼哈頓（リョーユーパン）
雖然是福岡，但名為曼哈頓
鬆脆口感的甜甜圈，用巧克力包裹起來。名稱的由來，是因為開發此商品者，參考了在曼哈頓見過的麵包，因而以此命名。

P 岡山
香蕉奶油卷（岡山木村屋）
說不出的懷舊香蕉風味
奶油卷搭配香蕉風味，獨家自製奶油餡做成的夾心麵包組合。香蕉奶油餡也有單獨販售。

S 熊本
蔥麵包（高岡製パン）
麵粉愛好者無法抗拒
混入青蔥的 Q 彈麵包中，包入了柴魚片、美乃滋、番茄醬汁。吃起來很有大阪御好燒的感覺。

T 宮崎
砂粒麵包（ミカエル堂）
名字來自砂糖的口感
橄欖形麵包中夾入砂糖和奶油餡。享用時，砂糖會像砂粒般有粒狀口感，因而得名。

O

P

Q

L

K

M

L 京都
CARNET（志津屋）

Sample is best ！

塗抹乳瑪琳的麵包，
夾入無骨火腿、洋蔥，
簡單吃不膩的滋味，
也可以加入起司。

K 滋賀
沙拉麵包（つるやパン本店）

沙拉是…

說是沙拉，但完全沒有蔬菜。
其中的食材是美乃滋、還有切
成細絲的醃蘿蔔！令人驚異的
美味。

M 大阪
SANMI（神戶屋）

關西的直覺式命名！

表面是巧克力、餅乾麵團，
中間夾著奶油餡，三味合一，
因此而命名為 SANMI。還有
姐妹商品四味（YONMI）。

Q 高知
高知帽子麵包（永野旭堂本店）

看起來就是帽子

麵包上覆蓋海綿蛋糕麵團
烘焙的形狀，宛如帽子！
邊緣的部分香脆、圓形的
頭部鬆軟。

N 沖繩
斑馬麵包（オキコ）

由條紋的外觀而來

以黑糖和花生醬夾心
的麵包。橫向看起來
就像斑紋，因而得名。
有著質樸的甜味。

N

麵包關鍵字集

關於麵包的單字或許曾聽過，
但其實很多是無法確切說明的專業用語。
在此簡單易懂地解說這些專門用語。

A-Z

Bäckerei

是德語中麵包坊的意思。在日本的麵包坊，若店名前冠以「Bäckerei」，像是「Bäckerei ○○」時，就能清楚知道該麵包坊是以德國麵包為主。

Boulangerie

法語是麵包坊的意思。使用在從麵包麵團的製作至烘焙所有製程，皆由麵包師傅（Boulanger）親手製作的麵包坊。

Levain

法語是「發酵種」的意思。不放添加物，培養裸麥或全麥麵粉表皮附著的菌種製作而成。特徵是具有獨特的酸味、甜味、香氣。相對於市售的麵包酵母，雖然發酵能力較弱，但能做出滋潤且口感十足的麵包柔軟內側。

LEAN 類（低糖油成分）

「簡樸」的意思。主要以麵粉、麵包酵母、鹽、水四種材料製作出的質樸麵包，統稱為 LEAN 類麵包。法國的長棍、鄉村麵包、德國裸麥麵包、奧地利的凱撒麵包等，大多的餐食麵包都是此類。

Polish（液種）

材料的麵粉約 20～40% 中，加入等量的水和少量的麵包酵母，進行發酵種的製法。發酵種的水分含量較多，因此也稱為「液種法」、「水種法」。發酵快且能添加獨特風味是其特徵。特別是經常使用在硬質系的麵包上。比中種法簡單，麵包不易老化，但另一方面因含水量較多，必須在衛生方面多加留意。

Retail bakery

Retail 是「零售」的意思。店內有製作麵包的廚房，從製作到販賣都在同一店舖內完成，在麵包業界就稱為 Retail bakery。

RICH 類（高糖油成分）

意思是「奢侈的」、「豐富的」。在麵粉、麵包酵母、鹽和水的基本材料中，添加了砂糖、雞蛋、奶油、牛奶等製作而成的麵包，總稱為 RICH 類麵包。以甜點類麵包為首，酥皮類麵包也屬於這一類。

Scratch Bakery

從原料的測量開始，至麵包麵團的製作、發酵、烘焙等，所有的麵包製作機器設備一應俱全，可以在自己店內進行製程的麵包坊。全部都是手工製作，因此可說更能感受到店舖特色的麵包坊。因為有些麵包坊是採用工廠生產的冷凍麵團，因此會有這樣以示區隔的名稱。

Yeast（市售的麵包酵母）

麵包酵母（Yeast），指的是專門萃取出適合製作麵包的酵母，單純培養成麵包專用的單一酵母。1g 的新鮮麵包酵母中濃縮了 100～200 億的單細胞酵母，發酵力穩定。麵包酵母的原型，有麵包業界經常使用的「新鮮酵母」、可長期保存的「Dry yeast 乾燥酵母」、由乾燥酵母加工製成更容易使用的「Instant dry yeast 速發乾酵母」。

1-5 劃

日本國內小麥

相對於國外進口的外國小麥，指的是日本國產小麥。日本國產小麥以北海道為生產中心，相較於外國小麥，蛋白質含量略少。雖然會抑制烘焙完成時的體積與膨脹程度，但香氣十足且

口感 Q 彈。「Haruyutaka（はるゆたか）」、「春戀（春よ恋）」等品種都十分著名。

中種法

發酵與攪拌分成二階段進行的麵包製作法。材料 50% 以上的粉類中，加入水和麵包酵母製作發酵種（中種），在下個階段再加入其餘的材料，進行正式揉和。容易調整麵團的硬度，也能穩定地發酵。可以製作出膨鬆柔軟的麵包，因此像吐司、甜點類麵包等，適合使用在想要呈現膨鬆體積的麵包。日本很多大型麵包製作工廠都是用這個方法。

可塑性油脂

指的是像黏土般形狀可柔軟變化的固態油指。麵包麵團中經常使用的是奶油、乳瑪琳、酥油等，對麵包的膨脹有良好的效果。可塑性發揮範圍各有不同，奶油適用於 13 ～ 18℃。

6-10 劃

在地製粉（地粉）

日本國產小麥的名稱之一。某些地區栽植的小麥，在該地區或同一縣內的製粉公司製成麵粉，就會稱為在地製粉。

自然種酵母（酵母種）

有各式各樣菌類活化麵包發酵的酵母。可能大家經常聽到「天然酵母」，由水果、穀類中自行培養出的酵母種之中，因為存在著各種酵母，因此乳酸菌、醋酸菌等細菌類也包含在內。因此需要較長的發酵時間，也必須仔細進行管理，但成品有著天然發酵特有的風味。大多用於硬質麵包，或是想要呈現獨特的風味香氣時。

老麵法

所謂的老麵，就是將麵包酵母發酵的麵團，置於冷藏室使其低溫發酵 10 ～ 15 小時製成。使用新麵團 10 ～ 30% 的比例混入使用，就稱為老麵法。能釋放出酸味和甜味，因此常運用在吐司、法國麵包、饅頭或花捲上。

折疊麵團

用麵粉製作的發酵麵團，包裹入奶油再摺疊，形成奶油與麵團相互層疊。一旦用烤箱加熱，烘焙完成會出現多重層次，產生酥脆口感。使用這種麵團製作可頌、酥皮類麵包等。

快速麵包（Quick bread）

指的是以愛爾蘭的 Brown bread 或英式司康為代表的無發酵麵包。一般麵包會使用麵包酵母，但快速麵包使用的是泡打粉或小蘇打等膨脹劑使其膨脹。材料輕輕混拌後能立即烘烤，在短時間內完成製作。

表層外皮 Crust

指帶著烘烤色澤的外皮部分。吐司「麵包邊」部分就是表層外皮，剛烘焙完成時香脆，但隨著時間的推移，吸收了濕氣後會變軟。再經過一段時間，反而會因乾燥而變硬。

直接烘烤

完成整型的麵團，不放入模型也不需要烤盤，直接放置在烤窯爐床（Hearth）上烘焙。利用這種方法烘焙的麵包，就稱為「直接烘烤麵包」、「爐床麵包」。長棍、鄉村麵包等法國麵包，LEAN 類配方的德國麵包等…都屬於此類。

長條狀（One loaf）

吐司整型的方法之一。整合成團的麵團擀壓成長方形，再捲起放入吐司模的製作方法。也有將麵團一分為二，各別捲成渦卷狀後，再放入模型的方法，就能烘焙出雙峰的山形吐司。

直接法

進行一次攪拌作業的麵包基本製作法。也稱為「直接揉和法」，所有的材料全部放入，從混拌至烘焙進行一系列的步驟。直接活用粉類的風味和香氣，特徵是口感 Q 彈。步驟簡單，家庭製作麵包時常用的方式。從法國麵包等硬質系列麵包至奶油卷，可以應用在所有的麵包製作上。相較於其他製作法，缺點是麵包老化較快。

長時間發酵

基本發酵約是 27～30℃的環境，發酵 30 分鐘～1 小時左右。但製作長時間發酵的麵包，因為添加在麵團中的麵包酵母量減少，再加上低溫環境，會緩慢地靜置長時間（一夜）使其發酵。如此一來，麵團隨著水合與熟成作用，也能增加其中的甜味。

刺出孔洞

麵團薄薄擀平時，為使麵團整體均勻的膨脹，會使用打孔滾輪或叉子刺出孔洞。用於像烤盤蛋糕（Blechkuchen）等，想要抑制過度膨脹的時候。

柔軟內側 Crum

麵包中間的柔軟部分。依麵包的種類不同，有多孔多氣泡的質地，也有緊密紮實的。口感上有潤澤、Q 彈、鬆軟等各式不同的狀態。剛完成烘焙時，潤澤柔軟是其特徵。

烤盤烘焙

指的是整型後的麵團排放在烤盤上進行最後發酵，連同烤盤一起放入烤箱的烘焙方法。因為無法用手移動麵團，因此使用烤盤。此外，甜麵團直接烘烤會致使底部燒焦，因此這個方法也能預防底部的焦化。

配料（Topping）

在麵包表面撒上各式材料，以增添風味及個性化。水果乾、碎堅果、奶油起司、香草、芝麻等食材，都經常使用。

烘焙比例（Baker's Percentage）

麵團配方中，以粉類的總重量 100% 來看，相對於粉類其他材料所佔的比例。例如，想要製作與配方不同的數量或尺寸時，可以利用食譜中各材料所佔的烘焙比例計算，就能算出實際必須的用量。

麥芽糖漿（麥芽糖漿）

由發芽大麥萃取出的麥芽糖漿濃縮液。麥芽糖漿中具有稱為澱粉酶的酵素，能將麵粉中的澱粉分解成糖類，有助於麵包酵母發酵，用於不使用砂糖的 LEAN 類麵包。

產生孔洞氣泡

切開麵包時，柔軟內側的剖面常可見的氣泡就是「孔洞」，而其中氣泡的部分就是「產生孔洞氣泡」的表現。「孔洞」的大小、形狀以及是否均勻等，還有好的「孔洞」呈現狀態，也會因麵包的種類而各有不同。

發酵

所謂發酵，就是因酵母的活動而引發的一連串現象。麵包製作時，麵粉和水科學性的結合，使得麵粉中所含的酵素將澱粉分解成糖類，賦予麵包麵團延展性和彈性。此外，砂糖（蔗糖）也會被麵包酵母消化，生成二氧化碳和酒精。二氧化碳被麵團中的麵筋組織包覆，成為氣泡而使麵團膨脹鼓起。酵母在環境超過 60℃前都能作用，使麵團持續膨脹。

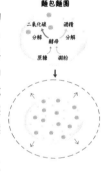

割紋

麵團表面用刀子劃入切紋，也稱為「劃切割紋」。均勻地劃入切紋，可以讓麵包麵團膨脹時的壓力有散發的出口，調整烘焙完成時的形狀。並且能讓烤箱內的受熱更均勻，讓麵包體積更膨脹。

進口小麥

指的是外國產的小麥。在日本流通的麵粉，美國、加拿大等外國產的麵粉壓倒性地佔了相當高的比例。相對於此，日本國內生產的小麥稱為內麥（ないばく）。相較於日本產的小麥，外

國小麥的小麥蛋白較多，較能烘焙出膨脹鬆軟的麵包。

隔夜法（Overnight）

適合折疊麵團，或是油脂含量較多麵團的製作方法。麵團置於冷藏室 10 ～ 15 小時進行發酵。藉由冷卻麵團，以方便後續作業的進行。容易出現酸味，因此溫度及衛生管理必須謹慎小心。

填餡

包夾至麵包中、塗抹、填裝的食材。像鮪魚三明治，指的就是鮪魚；奶油麵包指的就是卡士達奶油餡；咖哩麵包就是咖哩醬。另外，塗抹在麵包表面的果醬或抹醬等，也被稱為「Spread」。

裸麥粉

與麵粉一樣是麵包的主要材料。成分雖然與麵粉類似，但裸麥的特徵是蛋白質無法形成麵筋組織，因此麵團無法膨脹起來，只能製作成緊實、口感沈甸的麵包。混入少量的麵粉，就能做出具潤澤口感的效果。

酵母食品添加劑

使麵包酵母（Yeast）更具活性化的食品添加劑。成為酵母的營養來源，能強化麵包膨脹時不可或缺的麵筋組織，也有助於保持麵團中的二氧化碳，以達到最佳效果。想要縮短麵團的發酵時間時，請嚴守使用份量。

維也納／酥皮類 Viennoiserie

直譯是「維也納風格」的意思。從奧地利的維也納傳至法國，香甜柔軟麵包的統稱。以添加了雞蛋、砂糖、奶油、牛奶等，RICH 類（高糖油成分）配方製作。可頌、布里歐等都屬於這一類的麵包。

酸種

為了製作德國麵包等裸麥麵包而製作的發酵種。裸麥粉和水揉和作為培養基底，經過數日不斷反覆續種發酵製成。粉類與存在於空氣中的酵母菌、乳酸菌、醋酸菌等一起發酵，產生獨特風味和強烈酸味，使用此發酵種的製作方法就稱為酸種法。裸麥因無法形成麵筋組織，因此用一般麵包的製作方法不會膨脹，但用酸種配方製作時，可以烘焙出麵團安定、風味口感良好的麵包。

模型烘焙

在整型階段將麵包麵團放入模型中，連同模型一起放入烤箱完成烘焙的方法。吐司、英式瑪芬、所有的布里歐等，都是具代表性的模型烘焙麵包。各別有專用模型，能做出形狀統一的麵包。模型的材料雖然也常看到氟素加工或白鐵製品，但近年來矽膠產品也逐漸增加。挑選模型時，符合容量與麵團用量也十分重要。

20-25 劃

麵粉（小麥粉）

成為麵包麵團主體的材料。包含特有稱為小麥蛋白的蛋白質，能使麵包烘焙出膨脹狀態。麵粉是以蛋白質含量來分類，麵包製作時，以小麥蛋白豐富的高筋麵粉為主。整顆小麥碾成粉，也經常使用富含食物纖維的全麥麵粉。

麵包的老化

剛烘焙完成的麵包，最大的特徵是膨鬆柔軟，但隨著時間的推移，水分蒸發、麵包內側會變得乾燥、口感乾硬。這就是麵包老化（澱粉質的變化）的表現。添加砂糖、油脂、雞蛋等配方的麵團，具有防止老化的作用，可以保存較長時間。

攪拌

混合材料揉和完成的麵包步驟。使麵團均勻，並確實產生麵筋組織，能保持包覆酵母所釋出的二氧化碳。在家庭中一般的製作方法是「用手揉和」，但若使用麵包專用攪拌機，可以大幅縮短揉和時間。

麵包的 ” 定期訂購 ” & 預購

在家就能輕鬆購買全國麵包的新服務登場。
何不一起用旅行的心情，享受邂逅新麵包的樂趣？

來自全國麵包定期送貨
パンスク PANSUKU

每次都有來自全國各地麵包坊的麵
包宅配定期服務。1 次 3990 日圓（含
稅／含運），可以品嚐 8 個月左右的
麵包。冷凍宅配能保存 1 個月，只
要再復熱就是剛出爐的風味了！

點這裡
連結

對食品零耗損貢獻一份心力！
rebake（リベイク）

能預購全國麵包坊的網站。最受矚
目的「廢棄麵包」，無耐必須廢棄的
麵包，以合理運送的服務。其中還
有能開心期待，是哪個麵包坊送貨
的「特急享受宅配」2850 日圓（含
稅／未運）也很受歡迎。

點這裡
連結

預購或定期宅配的麵包坊
持續增加中！
次頁開始的 SHOP LIST
也有介紹預購資訊。

SHOP LIST

※2021 年 5 月的刊登資訊。商品及價格等，可能有所變動。

※「訂購」包括 WEB 等的網路銷售。

刊登的麵包是否可以訂購，依各店鋪而異。

※ 以日文 50 音順序排列。（已加入店舖原文）

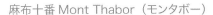

AOSAN（アオサン）

京王線仙川車站附近的麵包坊。夢幻吐司 "角食" 搶手到在開店前就大排
長龍。以製作小朋友到年長者，不分年齡都喜愛的麵包，是店家追求的
目標。

URL:https://aosan628.thebase.in 地址:東京都調布市仙川町 1-3-5（仙川店）

TEL：03-5313-0787　公休日：週日、週一　預購：可　（BASE 網路訂購）

麻布十番 Mont Thabor（モンタボー）

全日本國內約有 80 間店舖的麵包坊。每間店從備料到烤焙出爐，都是麵
包師傅們親自進行製作。招牌商品「吟屋久島」是優質吐司的先驅。

URL：https://mont-thabor.jp/

地址：東京都港区麻布十番 2-3-3（本店）

TEL：03-3455-7296　公休日：元旦　預購：可

Itokito（イトキト）

位於東京・大岡山的麵包坊。以法式鄉村麵包為主，還有各種包夾正統法式菜餚的三明治也很受歡迎。

URL：http://itokito.com　地址：東京都大田区北千束 1-54-10 佐野大樓 1F

TEL：03-3725-7115　公休日：週日、週一　預約：無

IMANO FRUIT FACTORY（イマノフルーツファクトリー）

60 年以上的堅持，開在日本橋茅場町的老字號水果店。除了有色彩繽紛的水果，還有嚴選當季水果製作的水果三明治。

URL：http://imanofruits.net

地址：東京都中央区日本橋茅場町 1-4-7　TEL：03-3666-0747

公休日：週日、國定假日　預購：無

VIRON（ヴィロン）

為了重現道地的法國口味，堅持使用法國進口的麵粉等食材來製作麵包。

地址：東京都渋谷区宇田川町 33-8 塚田大樓 1F（渋谷店）

TEL：03-5458-1770　公休日：無休　預購：無

Uchiki Pan（ウチキパン）

由英國麵包師傅麾下獨立出來已超過 130 年，在橫濱・元町持續受到喜愛。「England」（P.132）仍維持開業當時的製作方法。

URL：http://www.uchikipan.com/

地址：神奈川県横浜市中区元町 1-50　TEL：045-641-1161

公休日：週一（遇國定假日營業 隔天週二休）　預購：無

ÉCHIRÉ MAISON DU BEURRE（エシレ・メゾン デユ ブール）

法國 A.O.P 認證的發酵奶油「ÉCHIRÉ」全球第一間專賣店。除了 ÉCHIRÉ 奶油全系列商品之外，還有使用香氣十足的奶油製作的麵包及烘焙點心。

URL：https://www.kataoka.com/echire/maisondubeurre/

地址：東京都千代田区丸の内 2-6-1 Marunouchi Brick Square

（丸之內 brick-square）1F　　公休日：不定期休息 預購：無

大平麵包坊（大平製パン）

在福島承襲三代的老字號麵包坊中長大的店主，所經營的橄欖形麵包專賣店。附近的姐妹店販售著可愛動物形狀的麵包。

URL：https://www.facebook.com/ohiraseipan

地址：東京都文京区千駄木 2-44-1 公休日：週一　預購：無

Cattlea（カトレア）

昭和初期以「西式麵包」之名販售的商品，就是咖哩麵包的起源。令人懷念的滋味，奶油麵包和紅豆麵包也很受歡迎。

URL：https://www.cattlea-bakery.com/

地址：東京都江東区森下 1-6-10　TEL：03-3635-1464

公休日：週日、週一　預購：無

考えた人すごいわ

史無前例、入口即化的高級吐司專賣店。主要商品有：原味的「魂仕込」、加了麝香葡萄乾的「珠寶盒」2 種。
URL：https://sugoi-bread.com/　地址：東京都国分寺市泉町 3-35-1
西国分寺 LEGA 大樓 1F（西国分寺店）
TEL：042-316-8895　公休日：不定期休息　預購：無

Kiitos（キートス）

在芬蘭學習的老闆，希望成為能帶給大家道地北歐風味的麵包坊。不使用添加物，能品嚐到穀物的風味。
URL：http://www5a.biglobe.ne.jp/kiitos　地址：京都府京都市中京区壬生坊城町 33 GRANDIR 朱雀 002　TEL：075-842-0585　公休日：週二　預購：可

紀之國屋（紀ノ国屋）

以首都圈為中心開設店舖的超市。從紅豆麵包到中東的口袋餅，各國的麵包都能品嚐到。
URL：https://www.e-kinokuniya.com/　地址：東京都港区北青山 3-11-7
Ao 大樓 B1F（International）　TEL：0422-28-0030　公休日：無休
預購：可(KINOKUNIYA 線上商城)

銀座千疋屋

1894 年創業的老字號水果店。外觀美麗端正的水果三明治，一直都是很受歡迎的商品。銀座總店還附設有咖啡廳。
URL：https://ginza-sembikiya.jp/
地址：東京都中央区銀座 5-5-1 1F（銀座本店）
TEL：03-3572-0101（代表號）　公休日：無休(除過年期間)　預購：無

Queen Sheba（クイーンシーバ）

非洲衣索比亞料理專賣店。鴕鳥、山羊肉等，稀奇菜色琳瑯滿目。當然也能品嚐到衣索比亞的傳統麵包。
URL：http://www.queensheba.info　地址：東京都目黒区東山 1-3-1
Neoage 中目黑 B1F　TEL：03-3794-1801　公休日：無休　預購：無

Grune Backerei（グリューネ・ベカライ）

以瑞士傳統製作方法，相當花時間烘焙的麵包，風味豐富。還有以瑞士為中心的各種歐洲麵包。
URL：http://www.ne.jp/asahi/wweg/gorey/grune.html
地址：東京都世田谷区大原 2-17-15　TEL：03-3324-5562
公休日：週日　預購：無

Kepobagels（ケポベーグルズ）

獨創的和風貝果，還有道地紐約風格的貝果專賣店。無論和風或美式，都堅持有嚼勁的口感。
URL：https://kepobagels.com
地址：東京都世田谷区上北沢 4-16-13　TEL：03-6424-4859
公休日：週一(遇國定假日營業)、週二　預購：可

coharu*bagel（コハルベーグル）

在名古屋很有人氣的貝果和英式瑪芬店，加入了當季食材的獨創商品，種類多樣豐富。

URL：http://www.coharubagel.com

地址：愛知県名古屋市名東区猪高台 1-1407

TEL：052-777-7753

公休日：週日、週一　預購：無

奧地利糕點與麵包的 SAILER（オーストリア菓子とパンのサイラー）

位於福岡，奧地利糕點與麵包的專賣店，可品嚐到奧地利主廚烘焙出來的道地麵包。

URL：https://sailer.jp

地址：福岡県福岡市南区長丘 2-1-5 西村大樓 1F

TEL：092-551-7077

公休日：無休(除過年期間)　預購：可

SAVARIN（サバラン）

大量使用健康豆類及香草，波斯 & 土耳其料理的專賣店，還有提供烘焙得恰到好處，伊朗的麵包 Barbari。

地址：東京都目黒区自由が丘 1-28-8 自由之丘百貨 2F

TEL：03-5701-0012　公休日：週三　預購：無

Sincérité（サンセリテ）

除了有在日本第一麵包競賽大會中獲得優勝的吐司(P.8)，還有「天熟吐司」也因平易近人的價格及美味而廣受歡迎。在東京・祖師谷大蔵有分店。

URL：http://www.panya3.com/

地址：埼玉県狭山市狭山台 3-11-2

TEL：04-2957-8934　公休日：週三　預購：無

365 日

使用手工火腿、培根、紅豆沙等，國產小麥的麵包種類齊全。店內除了麵包之外，還有嚴選的食材、食品雜貨。

URL：http://ultrakitchen.jp

地址：東京都渋谷区富ヶ谷 1-6-12　TEL：03-6804-7357

公休日：2 月 29 日　預購：可

CENTRE THE BAKERY（セントル ザ ベーカリー）

人氣烘焙坊「VIRON」開設的吐司專賣店。附設的咖啡廳，提供了自家牧場美瑛牛奶，連同 3 種吐司，可以同時享受品嚐比較的樂趣。

地址：東京都中央区銀座 1-2-1 紺屋大樓 1F

電話號碼：03-3562-1016

公休日：無休　預購：無

DAIW 中目黑（ダイワ中目黒）

位於愛知縣蔬果商「ダイワスーパー DAIWA 超市」經營的水果三明治專賣店，加入大量嚴選新鮮水果的三明治，隨時都可看到店內排放 10 種左右的口味。

URL：https://358daiwa.com

地址：東京都目黒区上目黒 1-13-6　公休日：週一　預購：可

德國麵包的店 TANNE（ドイツパンの店 タンネ）

道地的德國南方麵包，由德國大師直接指導，嚴守傳統製作方法烘焙。可內用。

URL：https://bakerytanne.com/

地址：東京都中央区日本橋浜町 2-1-5 TEL：03-3667-0426

公休日：週日、國定假日　預購：可

Zopf（ツオップ）

每天有300種以上的麵包出爐，是非常受歡迎的麵包坊。2樓附設咖啡廳，特別是早餐種類非常豐富。也有網路販售。

URL：http://zopf.jp

地址：千葉県松戸市小金原 2-14-3 TEL：047-343-3003

公休日：夏季・冬季有休息　預購：可

d'uNE rArETé（デュヌ・ラルテ）

法文店名的意思是「稀有種類」。正如其名，以製作出獨特風味與口感，具有豐富創意的麵包為目標。

URL：http://www.dune-rarete.com

地址：東京都港区南青山 5-8-10 萬楽庵ビル１1F(青山骨董通り本店)

TEL：090-6305-3479　公休日：不定期休息　預購：可

TOAST neighborhood bakery（トースト ネイバーフッド ベイカリー）

有著威爾斯地區傳統紅磚外觀，引人注目的烘焙坊。店內提供英式吐司和司康等，英國的傳統麵包。

URL：http://www.toastbakery.jp/

地址：神奈川県横浜市中区本郷町 1-25 TEL：045-263-8264

公休日：週二、週三　預購：可

Toshi Au Coeur du Pain（トシオークーデュパン）

東橫線都立大學站附近，在巴黎研習過的老闆所製作的道地長棍，是店內的招牌商品。早餐供應剛出爐的麵包，6:30 分開始營業。

URL：https://www.toshipain.com/

地址：東京都目黒区中根 2-13-5 TEL：03-5726-9545

公休日：週一、週二　預購：可

Tommys（トミーズ）

創業 40 年以上，在神戶擁有 4 間店舖的現烤麵包坊。也有網購，日本全國各地都能品嚐到紅豆餡滿滿的獨家紅豆吐司。

URL：https://www.tommys-kobe.com/

地址：兵庫県神戸市東灘区魚崎南町 4-2-4 6　（魚崎本店）

TEL：078-451-7633　公休日：無休　預購：可

TROISGROS（トロワグロ）

在法國獲得米其林星級的餐廳「TROISGROS」所經營的麵包坊。除了麵包，還提供蛋糕、紅酒等道地的法國美食。

URL：http://www.troisgros.jp/

地址：東京都新宿区西新宿 1-1-3 小田急百貨店新宿店本館 B2F

TEL：03-5325-2487

公休日：不定期休息(以百貨公司為準)　預購：無

高級「生」吐司專賣店 乃之美（乃が美）

掀起高級吐司熱潮的專賣店。2013 年在大阪創業，現在全日本 47 都道府縣共有 220 間店舖。連麵包邊都很柔軟的「生」吐司是招牌商品。
URL：https://nogaminopan.com/
地址：大阪府大阪市天王寺区上之宮町 2-2（総本店）　TEL：06-6773-6488
公休日：不定期休息　預購：可

Pane & Olio（パーネ エ オリオ）

以道地製作法烘焙的義大利麵包專賣店，也販售與義大利麵包很搭的橄欖油。
URL：http://paneeolio.co.jp
地址：東京都文京区音羽 1-20-13
TEL：03-6902-0190　公休日：週日、週一、國定假日　預購：可

包包（パオパオ）

能用親民的價格買到中式饅頭，種類多樣。有經典的肉包、豆沙包、菇菇包等，相當多的變化。
地址：東京都世田谷区三軒茶屋 2-13-10
TEL：03-3410-8806
公休日：週三　預購：無

Patisserie SATSUKI（パティスリーサツキ）

新大谷飯店總主廚所經營的糕點精品店，大約有 100 種以上的現烤麵包及原創蛋糕。
URL：https://www.newotani.co.jp/tokyo/restaurant/p-satsuki
地址：東京都千代田区紀尾井町 4-1 新大谷飯店內
TEL：03-3221-7252　公休日：無休　預購：無

Panaderia TIGRE（パナデリーヤ ティグレ）

在世田谷區開業後，於 2017 年遷移到臨相模灣的二宮。從長棍等的硬質類麵包，到吐司、調理麵包等，各式各樣的麵包應有盡有。
地址：神奈川県中郡二宮町山西 1387-7
TEL：0463-59-9389　公休日：週一、週二　預購：無

麵包工廠 寬（ぱん工場 寬）

晚上出爐，配合早餐時間送達的個性麵包坊。不使用油脂，以簡單質樸為主的吐司，也可以事先訂購。
URL：http://home.p00.itscom.net/pankouba
地址：東京都目黒区中根 1-6-10 名店会館 2F
公休日：不定期休息　預購：可

麵包酵母 Si-Ba（パン酵母シーバー）

神奈川縣伊勢原市的麵包工坊。對於義大利產的天然酵母、自家製的天然酵母、手工製作的火腿及培根等素材都非常講究。
URL：http://www.si-ba.net　地址：神奈川県伊勢原市高森 1444
TEL：0463-94-8765
公休日：週一（遇國定假日營業 隔天週二休）、第 2 個週二　預購：可

BREAD, ESPRESSO&（パンとエスプレッソと）

位於表参道後巷的烘焙咖啡廳，大量使用奶油的吐司「MOU」必定會完售，法式吐司在咖啡廳也很受歡迎。
URL：http://www.bread-espresso.jp
地址：東京都渋谷区神宮前 3-4-9 TEL：03-5410-2040
公休日：不定期休息　預購：可

ぱんプキン（Pumpkin）

京浜急行線汐入站旁邊。使用橫須賀著名的海軍咖哩，做成的福神漬咖哩麵包是招牌商品，還有添加起司奶油餡的紅豆麵包，也非常受歡迎。
地址：神奈川県横須賀市汐入町 2-40 青柳ビル 1F
TEL：046-823-1133
公休日：週日　預購：無

麵包坊 TANE（パン屋 たね）

金澤的小麵包坊。用自家培養的酵母種及北海道產的小麥，製作出的硬質麵包、貝果非常受到好評，連金澤有名的餐廳都來購買。
地址：石川県金沢市富樫 1-7-8
TEL：076-226-0009
公休日：週一、第 3 個週　預購：無

HIGU BAGEL&CAFÉ（ヒグ ベーグル & カフェ）

位於東京・板橋的貝果及美式甜點專賣店。外皮酥脆、內側 Q 彈，追求口感的原創貝果種類豐富，還附設有咖啡廳。
URL：https://www.higubagel.com/
地址：東京都板橋区宮本町 36-3 TEL：03-3960-3835
公休日：週一、週二　預購：可

CHEZ BIGOT SAGINUMA（ビゴの店 鷺沼 ル・マルシャン・ド・ボヌール）

將法國麵包傳入日本的 Phillippe Bigot，最得意的弟子所經營的麵包坊。有道地的法國麵包，還有符合時節的麵包，產品陣容豐富。
URL：https://bigot-tokyo.co.jp
地址：神奈川県川崎市宮前区小台 1-17-4 FUJIMORI 鷺沼ビル
TEL：044-856-7800　公休日：週一(遇國定假日營業、隔天週二休)　預購：無

廣島 Andersen（広島アンデルセン）

1976 年在廣島開幕的烘焙坊與餐廳的複合式店舖。除了麵包還有熟食、葡萄酒、甚至鮮花都有，為大家介紹豐富的麵包生活。
URL：https://www.andersen.co.jp/hiroshima/
地址：広島県広島市中区本通 7-1　TEL：082-247-2403 (代表號)
公休日：不定期休息　預購：安德森網站

FAN FAN（ファンファン）

1977 年創業的英國吐司店。目標是「讓大家像白飯般地吃麵包」，至今維持著開業當時的配方與製作方法。
URL：http://www.fanfan0141.com 地址：愛知県海部郡大治町花常福島 87-2
TEL：052-442-0065　公休日：週日、國定假日　預購：可

Boulangerie & cafe goût（ブーランジェリー アンド カフェ グウ）

店內每天提供 150 種以上的麵包，讓大家能選擇符合當天心情的種類。使用嚴選食材，像國產小麥、自家農園栽種的蔬菜等。

URL：https://derien.co.jp/

地址：大阪府大阪市中央區安堂寺町 1-3-5 Capitole 安堂寺 1F

TEL：06-6762-3040　公休日：週四、第 1、3 個週三　預購：無

BOULANGERIE ianak！（ブーランジェリー イアナック）

東京・西日暮里站附近很受歡迎的烘焙坊。精心製作的吐司、酥皮類麵包、貝果等 80 多種麵包，讓小小店內增添許多色彩。

URL：http://www.ianak.com

地址：東京都荒川区西日暮里 4-22-11

TEL：03-3822-0015　　公休日：不定期休息　預購：無

Boulangerie Django（ブーランジェリー・ジャンゴ）

原為設計師有著獨特經歷的老闆所經營，加入甜菜的紅色硬質麵包等，像這樣外觀美麗又有個性的麵包與三明治，令人非常愉悅。

URL：http://la-boulangerie-django.blogspot.jp

地址：東京都中央区日本橋浜町 3-19-4　TEL：03-5644-8722

公休日：週三、週四　預購：無

Boulangerie Sudo（ブーランジェリー スドウ）

位於東急世田谷線松陰神社前站旁。Q 彈、鬆軟，2 種口感相異的吐司都很受到歡迎，也提供搭配季節水果的酥皮類麵包和烘焙糕點。

URL：https://www.instagram.com/boulangerie.sudo/

地址：東京都世田谷区世田谷 4-3-14　TEL：03-5426-0175

公休日：週日、週一(週二不定期休息)　預購：無

Boulangerie Palmed'or（ブーランジェリー・パルムドール）

曾被媒體報導的大紅豆麵包是人氣商品。其他，從硬質麵包到調理麵包種類多且廣泛。

地址：神奈川県相模原市緑区向原 3-20-29

TEL：042-783-0091

公休日：週一、週二、週五　預購：無

Boulangerie BURDIGALA（ブーランジェリーブルディガラ）

以「讓日常生活更美好」為品牌使命，使用發酵奶油及自製酵母等，製作出歐洲種類繁多的麵包。

URL：https://www.burdigala.co.jp

地址：東京都港区南麻布 4-5-66（広尾本店）

TEL：03-3280-2727　　公休日：無休　預購：可

BOULANGERIE LA SAISON（ブーランジュリー ラ・セゾン）

「用餐時作為主食一起享用的麵包」是最重要的信念，因此隨時都會備妥各個國家的主食麵包。

URL：https://www.la-saison.jp

地址：東京都渋谷区代々木 4-6-4 Excellent 代々木 1F(本店)

TEL：03-3320-3363　　公休日：週二　預購：無

Futsuunifuruutsu（フツウニフルウツ）

從小田急線下北澤站出來走路 5 分鐘。經營人氣麵包坊「麵包與濃縮咖啡」
非常熱門的水果三明治專賣店。追求的是讓客人天天吃不膩的風味。
地址：東京都世田谷区代沢 5-28-17
TEL：03-5432-9892　公休日：無休　預購：無

BRIVORY（ブライヴォリー）

高級吐司專賣的麵包坊。從麵粉開始以當地栃木縣產的食材為主，嚴選的
食材追求健康及美味，也接受顧客的定期訂購。
URL：https://www.brivory.co.jp/
地址：栃木県日光市今市本町 11-4-105　TEL：0288-25-6910
公休日：週日、週一　預購：可

BLUFF BAKERY（ブラフベーカリー）

穿過艷藍的大門，進入追求紐約風格的店內，擺放著肉桂卷、貝果等各式
各樣的麵包。依麵包特性，使用不同麵粉是店家的堅持。
URL：http://www.bluffbakery.com
地址：神奈川県横浜市中区元町 2-80-9 元町 Hillcrest　1F（本店）
TEL：045-651-4490　公休日：無休　預購：可

Bread & Tapas 沢村 広尾（ブレッド&タパス 沢村 広尾）

從世界各地精選粉類和水，徹底進行溫度管理，區分使用 4 種酵母，做
出美味的麵包。2 樓的餐廳還能品嚐到 Tapas 料理等。
URL：https://www.b-sawamura.com
地址：東京都港区南麻布 5-1-6　LaSaccaia- 南麻布 1・2F
TEL：03-5421-8686　公休日：無休　預購：可

Blé Doré（ブレドール）

在葉山・逗子很受歡迎的麵包坊，還有使用鎌倉蔬菜等在地食材的麵包，
咖啡廳裡也提供現烤麵包吃到飽的早餐服務，每每大排長龍。
URL：http://www.bledore.jp/
地址：神奈川県三浦郡葉山町一色 657-1（葉山店）　TEL：046-875-4548
公休日：週二　預購：可

Furoindo（フロイン堂）

在神戶無人不曉的老字號麵包坊。手工揉和麵團採用 1932 年創業，至今
持續使用的德國烤窯完成烘焙，香氣四溢的吐司是招牌商品。
URL：https://www.instagram.com/furoindo/
地址：兵庫県神戸市東灘区岡本 1-11-23　TEL：078-411-6686
公休日：週日、國定假日、第 1、3 週的週三。　預購：無

BAGEL U（ベーグル U）

仙台的貝果專賣店。在紐約學習麵包製作的老闆，每天會製作招牌、今日
商品等 30 種以上的貝果，Q 軟彈牙的嚼感是特徵。
URL：https://www.instagram.com/bagel_u_sendai/
地址：宮城県仙台市太白区富沢 4-8-47　TEL：022-743-9181
公休日：週一、第 4 個週二　預購：無

Prologue plaisir（プロローグ　プレジール）

除了麵包，還有蛋糕類也非常多樣化的烘焙咖啡餐廳，蘋果卡士達是非常
受歡迎的商品。
URL：http://prologue.opal.ne.jp/shop/plaisir
地址：神奈川県横浜市青葉区鉄町 1689-1　TEL：045-532-9985
公休日：無休（夏季、年初除外）　預購：無

Backerei Naramoto（ベッケライ ならもと）

是東京都日野市的麵包坊。除了主力商品德國麵包之外，還有包夾各種菜
餚的漢堡及三明治等，也非常吸引人。
URL：http://narapann.com　　地址：東京都日野市多摩平 6-34-3
TEL：042-586-6685
公休日：週一、週二　預購：無

Pelican（パンのペリカン）

1942 年創業的淺草老字號烘焙坊。商品非常簡單，就是吐司和奶油卷 2
種，一直保持著創業當時的風格，有許多忠實顧客。
URL：http://www.bakerpelican.com
地址：東京都台東区寿 4-7-4　TEL：03-3841-4686
公休日：週日、國定假日、特別休息日　預購：可

Pelican cafe（ペリカンカフェ）

老店烘焙坊直營的咖啡廳。在明亮北歐風格的店內，提供使用 Pelican 的麵
包製作的水果三明治等菜單，吐司放在特製的烤網上，用直火烤成酥脆成品。
URL：https://pelicancafe.jp/
地址：東京都台東区寿 3-9-11　TEL：03-6231-7636
公休日：週日、國定假日、特別休息日　預購：無

Hofbäckerei Edegger-Tax（ホーフベッカライ エーデッガー・タックス）

維也納點心、德國麵包的專賣店。「想推廣維也納及德國的飲食文化」是
主廚的概念，以此為中心，製作出各式各樣的商品。
URL：https://www.edegger-tax.jp/
地址：京都府京都市左京区岡崎成勝寺町 3-2
TEL：075-746-6875　　公休日：週三　預購：可

PAUL（ポール）

1889 年創業的法國麵包老店。遵守創業當時的製作方法，材料也堅持使
用法國產，追求極致的法國麵包。
URL：https://www.pauljapan.com/ja/
地址：東京都新宿区四谷 1-5-25　atre 四谷 1F(atre 四谷店)
TEL：03-5368-8823　公休日：無休 預購：無

hotel koé bakery（ホテル コエ ベーカリー）

生活風格品牌「koé」經營的烘焙坊。希望「讓日本的餐桌上更豐富，更
有趣味」而開發新感覺麵包。時尚的包裝也非常適合作為伴手禮。
URL：https://hotelkoe.com/food/
地址：東京都渋谷区宇田川町 3-7 hotel koé tokyo 1F (koé lobby 內)
TEL：03-6712-7257　公休日：不定期休息　預購：可

Pomme de terre（ポム・ド・テール）

JR 中央線西荻窪車站附近的貝果專賣店。店主想出 100 種以上的食譜，每天配合季節製作 15 種，同時也有法式家常菜和蛋糕。
URL：http://www.pomme-de-terre.net
地址：東京都杉並区西荻北 4-8-2-101
TEL：03-5382-2611　　公休日：週一、週二、週四、週六　預購：無

Bois de Vincennes（ボワ・ド・ヴァンセンヌ）

使用日本國產小麥、發酵奶油和天然雞蛋等嚴選食材。活用在法國研習的技術，原汁原味還原當地的美味。
地址：東京都新宿区早稲田町 5
TEL：03-3209-1531
公休日：週日　預購：可

POMPADOUR（ポンパドウル）

紅紙袋的商標。堅持提供剛出爐的麵包，全店都是賣場附設工作坊。
URL：https://www.pompadour.co.jp
地址：神奈川県横浜市中区元町 4-171　Pompadour Building 1F（元町本店）
TEL：045-681-3956
公休日：不定期休息　預購：可(通販)

Mallorca（マヨルカ）

西班牙王室御用的 Delicatessen&Café。招牌商品蝸牛麵包（Ensaimada）隨時都有 3～4 種味道可以選擇。
URL：http://www.pasteleria-mallorca.jp
地址：東京都世田谷区玉川 1-14-1 二子玉川 Rise S.C. 內 2F
TEL：03-6432-7220　　公休日：不定期休息(以購物中心為準)　預購：可

MIYARUYA（みはるや）

1951 年創業於東京・鶯谷的橄欖形麵包專賣店。多樣化食材的橄欖形麵包每天會有 11～20 種左右，排放在櫥窗內。早上 6 點開店，賣完就結束營業。
URL：http://miharuya.jp/　　地址：東京都荒川区東日暮里 4-20-3
TEL：03-3801-3542　　公休日：週日、國定假日　預購：無

Minna no Panya（みんなのぱんや）

紅豆麵包、奶油麵包、日式炒麵麵包等，日本過去至今的麵包全都有。無論哪種都是樸實令人懷念的滋味。
URL：https://www.marunouchi.com/shop/detail/3015/
地址：東京都千代田区丸の内 2-7-3 東京 BUILDING TOKIA B1F
TEL：03-5293-7528　　公休日：不定期休息(以購物中心為準)　預購：無

Moomin Bakery&Cafe 東京 DOME CITY LaQua 店

可以好好品嚐 Moomin 的故鄉，芬蘭的麵包料理。以吉祥物為參考做出的原創麵包，也十分受歡迎。
URL：https://benelic.com/moomin_cafe/tokyo_dome.php
地址：東京都文京区春日 1-1-1 東京 DOME CITY LaQua 店 1F
TEL：03-5842-6300　　公休日：不定期休息(以購物中心為準)　預購：無

Mumbai（ムンバイ）

印度大使館御用的印度料理餐廳。有很多種可以搭配正統印度咖哩的饢餅和恰巴提（Chapati）。
URL：https://mumbaijapan.com
地址：東京都千代田区九段南 2-2-8 松岡九段ビル B1F （九段店）
TEL：03-3261-2211　公休日：無休　預購：可

MAISON KAYSER（メゾンカイザー）

原創的麵粉、自製麵包酵母、特別製作的發酵奶油等，嚴選了特殊的食材，提出「有麵包的幸福餐桌」企劃。
URL：https://maisonkayser.jp/
地址：東京都港区高輪 1-4- 21（高輪本店）　　TEL：03-5420-9683
公休日：無休(除過年期間)　　預購：可以公司 EC 網頁訂購

Maison Landemaine（メゾン ランドゥメンヌ）

巴黎實力派的麵包坊。招牌商品可頌、巧克力麵包等，每天會做出約30 ～ 40 種。附設露天咖啡座和咖啡廳。
URL：https://www.maisonlandemainejapon.com/
地址：東京都港区麻布台 3-1-5（麻布台店）
TEL：03-5797-7387　　公休日：新年元旦假期　預購：無

Mon-RICO（モン・リコ）

能品嚐到西班牙料理 & 葡萄酒，生活感十足的西班牙酒吧。用新鮮番茄和鰮魚等作為薄餅 Coca 的搭配食材，多樣豐富。Coca（P.144）需要預約。
URL：https://whaves.co.jp/mon/monrico/
地址：東京都港区芝 5-22-1 1F（田町店）
TEL：03-5446-0993　　公休日：無　預購：無

橫澤麵包（橫澤パン）

盛岡的老麵包坊。二代店主承襲前人的風格，嚴守手工揉和的製作方法，販售的是中間鬆軟、外皮香脆的麵包。
URL：https://www.yokosawapan.com
地址：岩手県盛岡市三ツ割 1-1-25
TEL：019-661-6773　　公休日：週日　預購：可

吉田麵包（吉田パン）

師從盛岡的老店「福田麵包」的店主，在東京・下町開設的橄欖形麵包專賣店。接到訂單後才製作，從經典款到季節限定款，有各式多樣化的選項。
URL：http://yoshidapan.jp/
地址：東京都葛飾区亀有 3-27-4（亀有本店）
TEL：03-5613-1180　公休日：不定期休息　預購：無

Linde（リンデ）

可以嚐到道地德國麵包的專賣店。布雷結有軟質和硬質 2 種，還有各種麵包。2 樓附設咖啡廳。
URL：https://www.lindtraud.com
地址：東京都武蔵野市吉祥寺本町 1-11-27（吉祥寺本店）
TEL：0422-23-1412 公休日：無休(除過年期間)　　預購：可

A.Lecomte（ルコント）

可以享用傳統法式糕點的專門店。水果蛋糕是創業至今的特殊款。在各種糕點之間，也提供最道地的可頌。

URL：https://www.a-lecomte.com/

地址：東京都港区南麻布 5-16-13（広尾本店）

TEL：03-3447-7600　　公休日：不定期休息　預購：無

LeTAO（小樽洋菓子舖 LeTAO 通訊銷售中心）

在北海道‧小樽廣受喜愛的西式糕點店。最自傲的是使用大量乳製品製作的甜點，起司蛋糕「Double Fromage」是全國聞名的人氣商品。

URL：https://shop.letao.jp/

地址：北海道千歳市泉沢 1007 番地 111

TEL：0120-222-212　　公休日：無休(除過年期間)　　預購：可

俄羅斯料理餐廳 Rogovski（ロシア料理レストラン ロゴスキー）

日本最早的俄羅斯料理專賣店。可以和羅宋湯等一起享用黑麵包、皮羅什基餡餅（Pirozhki）。皮羅什基餡餅除了牛肉之外，也有蔬菜或咖哩口味。

URL：http://www.rogovski.co.jp

地址：東京都中央区銀座 5-7-10 EXITMELSA 7F

TEL：03-6274-6670　　公休日：無休(除過年期間)　　預購：可

BREAD INDEX

系列名稱 / EASY COOK

書名 / 世界麵包百科圖鑑

監製 / 東京製菓學校

出版者 / 大境文化事業有限公司

發行人 / 趙天德

總編輯 / 車東蔚

翻譯 / 胡家齊

文 編・校 對 / 編輯部

美編 / R.C. Work Shop

地址 / 台北市雨聲街 77 號 1 樓

TEL /（02）2838-7996

FAX /（02）2836-0028

初版日期 / 2022 年 3 月

定價 / 新台幣 440 元

ISBN / 9789860636956

書號 / E124

讀者專線 /（02）2836-0069

www.ecook.com.tw

E-mail / service@ecook.com.tw

劃撥帳號 / 19260956 大境文化事業有限公司

國家圖書館出版品預行編目資料

世界麵包百科圖鑑

東京製菓學校　監製 :-- 初版 .--
臺北市

大境文化，2022 [111] 192 面；
17×23.5 公分 .

（EASY COOK；E124）

ISBN / 9789860636956

1.CST：點心食譜

427.16　　111001766

STAFF

裝訂、設計 / 熊田愛子　渡辺文佳 (monostore)

插畫 / 越智あやこ

攝影 / 西山 航 (株式会社世界文化ホールディングス)
　　　伏見早織 (株式会社世界文化ホールディングス)

執筆協助 / 伊藤 睦

DTP製作 / 株式会社明昌堂

校正 / 株式会社円水社

編輯 / 株式会社チャイハナ
　　　丸井富美子 (株式会社世界文化ブックス)

請 連 結 至 以 下
表單填寫讀者回
函，將不定期的
收到優惠通知。